中国科普大奖图书典藏书系

物理五千年

朱恒足◎著

长江出版传媒 湖北科学技术出版社

图书在版编目（CIP）数据

物理五千年/ 朱恒足著. —武汉：湖北科学技术
出版社，2017.12
　　ISBN 978-7-5352-9905-5

　　Ⅰ.①物…　Ⅱ.①朱…　Ⅲ.①物理学史 Ⅳ.
①04-09

中国版本图书馆 CIP 数据核字（2017）第 306537 号

物理五千年
WULI WUQIANNIAN

责任编辑：万冰怡　　　　　　　　　　封面设计：胡　博

出版发行：湖北科学技术出版社	电话：027 –87679468
地　　址：武汉市雄楚大街 268 号	邮编：430070
（湖北出版文化城 B 座 13—14 层）	
网　　址：http://www.hbstp.com.cn	

印　　刷：仙桃市新华印务有限责任公司　　　　　　　邮编：433000

710 ×1000　　1/16　　　　　12.875 印张　　2 插页　　172 千字
2018 年 4 月第 1 版　　　　　　　　　　2018 年 4 月第 1 次印刷
　　　　　　　　　　　　　　　　　　　　　　定价：36.00 元

总 序
ZONGXU

　　我热烈祝贺"中国科普大奖图书典藏书系"的出版！"空谈误国，实干兴邦。"习近平同志在参观《复兴之路》展览时讲得多么深刻！本书系的出版，正是科普工作实干的具体体现。

　　科普工作是一项功在当代、利在千秋的重要事业。1953年，毛泽东同志视察中国科学院紫金山天文台时说："我们要多向群众介绍科学知识。"1988年，邓小平同志提出"科学技术是第一生产力"，而科学技术研究和科学技术普及是科学技术发展的双翼。1995年，江泽民同志提出在全国实施科教兴国战略，而科普工作是科教兴国战略的一个重要组成部分。2003年，胡锦涛同志提出的科学发展观既是科普工作的指导方针，又是科普工作的重要宣传内容；不是科学的发展，实质上就谈不上真正的可持续发展。

　　科普创作肩负着传播知识、激发兴趣、启迪智慧的重要责任。"科学求真，人文求善"，同时求美，优秀的科普作品不仅能带给人们真、善、美的阅读体验，还能引人深思，激发人们的求知欲、好奇心与创造力，从而提高个人乃至全民的科学文化素质。国民素质是第一国力。教育的宗旨，科普的目的，就是为了提高国民素质。只有全民的综合素质提高了，中国才有可能屹立于世界民族之林，才有可能实现习近平同志最近提出的中华民族的伟大复兴这个中国梦！

　　新中国成立以来，我国的科普事业经历了：1949—1965年的创立与发展阶段；1966—1976年的中断与恢复阶段；1977—

1990 年的恢复与发展阶段；1990—1999 年的繁荣与进步阶段；2000 年至今的创新发展阶段。60 多年过去了，我国的科技水平已达到"可上九天揽月，可下五洋捉鳖"的地步，而伴随着我国社会主义事业日新月异的发展，我国的科普工作也早已是一派蒸蒸日上、欣欣向荣的景象，结出了累累硕果。同时，展望明天，科普工作如同科技工作，任务更加伟大、艰巨，前景更加辉煌、喜人。

"中国科普大奖图书典藏书系"正是在这 60 多年间，我国高水平原创科普作品的一次集中展示。书系中一部部不同时期、不同作者、不同题材、不同风格的优秀科普作品生动地反映出新中国成立以来中国科普创作走过的光辉历程。为了保证书系的高品位和高质量，编委会制定了严格的选编标准和原则：一、获得图书大奖的科普作品、科学文艺作品（包括科幻小说、科学小品、科学童话、科学诗歌、科学传记等）；二、曾经产生很大影响、入选中小学教材的科普作家的作品；三、弘扬科学精神、普及科学知识、传播科学方法，时代精神与人文精神俱佳的优秀科普作品；四、每个作家只选编一部代表作。

在长长的书名和作者名单中，我看到了许多耳熟能详的名字，备感亲切。作者中有许多我国科技界、文化界、教育界的老前辈，其中有些已经过世；也有许多一直为科普事业辛勤耕耘的我的同事或同行；更有许多近年来在科普作品创作中取得突出成绩的后起之秀。在此，向他们致以崇高的敬意！

科普事业需要传承，需要发展，更需要开拓、创新！当今世界的科学技术在飞速发展、日新月异，人们的生活习惯和工作节奏也随着科学技术的进步在迅速变化。新的形势要求科普创作跟上时代的脚步，不断更新、创新。这就需要有更多的有志之士加入到科普创作的队伍中来，只有新的科普创作者不断涌现，新的优秀科普作品层出不穷，我国的科普事业才能继往开来，不断焕发出新的生命力，不断为推动科技发展、为提高国民素质做出更好、更多、更新的贡献。

"中国科普大奖图书典藏书系"承载着新中国成立 60 多年来科普创作的历史——历史是辉煌的,今天是美好的! 未来是更加辉煌、更加美好的。我深信,我国社会各界有志之士一定会共同努力,把我国的科普事业推向新的高度,为全面建成小康社会和实现中华民族的伟大复兴做出我们应有的贡献! "会当凌绝顶,一览众山小"!

中国科学院院士
华中科技大学教授　杨叔子　二〇一二
九·廿八

第一篇　古老的力学 ·· 001

一、萌芽时期 ··· 001

从西安半坡遗址谈起 ·· 001

金字塔巨石之谜 ·· 004

古希腊埋下的奠基石 ·· 006

东方古国的杰出学者 ·· 010

地心说和日心说之争 ·· 013

二、意大利的曙光 ·· 017

科学勇士——伽利略 ·· 017

比萨斜塔的故事 ·· 019

一个巧妙的实验 ·· 021

无所不在的压力 ·· 024

发现了新宇宙 ·· 027

对话带来的迫害 ·· 030

三、经典力学的新时期 ·· 033

科学的幸运儿 ·· 033

巧用"三角测量法" ·· 035

天空中的法律 ·· 037

科学界的泰斗——牛顿 ·· 040

苹果树下的启示 …………………………………… 044

"称"出地球的质量 ………………………………… 047

神机妙算的引力定律 ……………………………… 050

科学巨著的诞生 …………………………………… 054

第二篇　漫话热学今与昔 ………………………… 058

一、热是什么 ……………………………………… 058

从钻木取火说起 …………………………………… 058

温度计史话 ………………………………………… 059

首次热气球飞行 …………………………………… 063

围绕热本质的争论 ………………………………… 066

二、理论树下的硕果 ……………………………… 069

四百多次试验后的"产儿" ………………………… 069

从蒸汽球到蒸汽机 ………………………………… 073

永动机的幻想 ……………………………………… 078

低温有极限吗 ……………………………………… 081

第三篇　年轻有为的光学 ………………………… 085

一、最初的探讨 …………………………………… 085

光学的诞生 ………………………………………… 085

透光镜和冰透镜 …………………………………… 089

关于阿基米德的一个传说 ………………………… 092

光速测定始末 ……………………………………… 094

二、敞开光学的窗户 ……………………………… 097

揭开太阳光的秘密 ………………………………… 097

奇妙的光谱分析术 ………………………………… 100

光是粒子还是波 …………………………………… 103

温度计的妙用 ……………………………………… 108

从烽火台到光纤通信 ·· 110

第四篇　广阔的电磁天地 ·· 114

一、电的起源 ·· 114

波罗的海边的"宝石" ·· 114

莱顿瓶实验 ·· 116

人间的"普罗米修斯" ·· 119

青蛙腿的启示 ·· 123

二、磁——另一个世界 ·· 126

阿房宫的传说 ·· 126

指南针的发明 ·· 129

磁学上的一大难题 ·· 134

寻找磁单极子 ·· 135

三、电和磁——伟大的结合 ·· 137

电流磁效应的发现 ·· 137

电学大师法拉第 ·· 140

一位业余爱好者的追求 ·· 143

有线电报和莫尔斯电码 ·· 145

贝尔和电话 ·· 146

四、从有线到无线 ·· 149

电磁理论的确立 ·· 149

赫兹的电偶极子 ·· 152

无线电的诞生 ·· 155

看不见的光 ·· 158

第五篇　现代物理学的兴起 ···································· 162

一、在更高的台阶上 ·· 162

居里夫人和放射性 ·· 162

走在时代前面的人 ·· 168

相对论已被证实 ··· 173

二、宏观和微观——兵分两路 ····························· 175

回到 2000 年前的课题 ···································· 175

基本粒子的新探求 ··· 179

低温下的奇迹 ·· 182

超导研究的重大突破 ······································ 186

又一个谜——第二类永动机 ······························ 188

伽利略学说受到新的挑战 ································· 189

量子科学的追梦人——潘建伟 ···························· 192

后 记 ··· 197

第一篇 古老的力学

一、萌芽时期

从西安半坡遗址谈起

早在5000多年前，人类的原始社会就出现了物理学的萌芽。力学是物理学发展的先导，人类自从学会了使用劳动工具，就具有了初步的力学知识。

我们古老的中华民族，在世界文明史上占有重要的位置，她不仅创造了丰富多彩的物质文化，对早期力学的产生和发展也做出过杰出的贡献。纵观石器时代的石器、陶器，青铜时代的铜器，以及铁器时代的各种器物和古建筑，无不包含着深刻的力学原理。

特别值得一提的是，早在距今5000多年前的仰韶文化时期，我们的祖先就懂得巧妙地运用重心和浮体平衡的原理。"敧器"（敧：音jī）的运用就是一例典型的证明。

所谓"敧器"，是我国古代一种特殊的盛水容器。《孔子家语》上曾记载了这样一个故事：一次，孔子和弟子们来到鲁庙，见到了一个很奇特的盛水容器。这个容器没有装水时是倾倒的，水装到一定位置时，容器就会自行站立起来，如果继续往里装，水将齐瓶口时，容器又会倾倒。

当时，孔子的弟子们向他请教其中的道理，孔子以前曾听说过这种被称为敧器的容器，但对这种容器为什么会有这样奇特的性能，孔子也回答不出一二来。他只好借题发挥，讲了一番"损之而又损，谦之而又谦"的道理。

关于这种容器，古书《荀子》上也曾有过"虚则敧，中则正，满则覆"的记载。但由于古书上没有记载这种容器的构造和原理，这种神秘的东西后来失传了。据说南北朝的著名科学家祖冲之，唐代的机械制造家李皋都重造过，但也失传了。多少年来，敧器的秘密一直没有被揭开，历史上称之为"敧器之谜"。

1959 年，我国考古工作者在古城西安的东郊，发现了一个古代氏族社会的遗址。由于这个遗址地处半坡村，所以被称作"半坡遗址"。

在半坡遗址中，发现了许多有珍贵价值的出土文物，其中一件陶瓶引起了考古学家们的重视。当时这件陶瓶已经破损，经过仔细修复还原才最终完整地呈现在人们面前。只见它腹大、口小、底尖并带有两个提耳，经专家鉴定，它就是失传多年的敧器，为 5000 多年前的遗物。

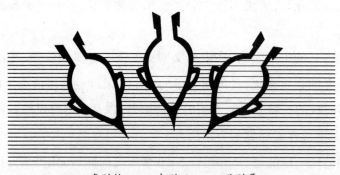

虚则敧　　　中则正　　　满则覆

半坡遗址的提水壶

早在 5000 多年前的氏族社会里，我们的祖先就制作了这种敧器来汲水和盛水。使用时，因为瓶是尖底的，整个敧器的重心就高于支点（提耳）之上，因此用绳拴在提耳上，悬吊着的空瓶就易于倾倒。注入一些水之后，敧器的下部加重了，重心便移到支点以下，这时容器就正立了。注满水时，由于上部容量大于下部，重心移到支点以上，瓶子又会倾覆过去。用这种敧器汲水时，空着放到水面它便会自动倾倒，水即将汲满时，不必用手扶它就能自动正立。装入水后悬挂起来，取用时，因为容器重心在支点以下很近的地方，只需轻轻一抬底部即可倾倒出水，非常省力。

经过对实物的考证研究，科学家们终于解开了"敧器之谜"。利用了物体重心随着水位高低而变化，凭借重力帮助人们做功是敧器的奥妙所在。早在5000多年前的氏族社会，古代劳动人民就发明了这种包含着深奥物理学原理的汲水和盛水工具，实在令人惊讶。

现在，这件珍贵的文物被作为5000多年前我们民族高度智慧的象征，陈列在西安半坡博物馆里。2007年暑期，笔者在参观英国大英博物馆时，就见到了这种出土于中国的提水壶。

在我国古代，还流传过一种被称为"不对称壶"的容器。不对称壶和上面所讲的敧器构造有所不同，但物理原理完全一样。

这种木制壶的外表呈对称形状，实际上壶的重心并不对称。它也利用了注入水后重心就移动变化的原理。壶是否倾倒，主要取决于重心在不在壶与地板相接触的面上。

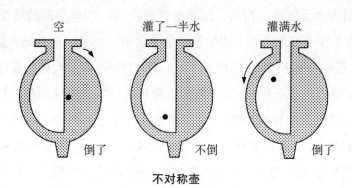

不对称壶

不对称壶的原理如上图所示。当壶没装水的时候，重心偏向一边，发生倾倒。适当加入水的时候，重心逐渐移到中间部分，这时壶可以自行正立起来。可是当壶里的水灌满的时候，因为水的密度通常比木头的密度大，同体积的水比木头重，重心又偏向水一边，所以壶又倒了。

金字塔巨石之谜

公元前 25 世纪左右，当欧洲还处在蒙昧时期之时，在亚非交界的埃及尼罗河流域，已耸立起一座反映古代奴隶高度智慧水平的丰碑——金字塔。

这一时期的古埃及古王国，统治国家的法老（对国王的尊称）自称为太阳神之子，对臣下享有至高无上的权威。法老死后，要安葬在生前兴建的巨大石头陵墓中。这种陵墓底座是四方形，每面按照三角形用石块向上垒砌，整体呈现为一个四棱锥。它的形状有点像汉字的"金"字，因此被称为"金字塔"。

在历代法老的金字塔中，古埃及古王国第四王朝的法老胡夫的大金字塔，无论是建筑规模还是建造技术都堪推首位。胡夫大金字塔位于开罗西面一个叫作吉萨的地方，它的建成虽然已有 4500 余年的历史，但至今仍然是世界上极伟大的石头建筑之一，而且在 19 世纪巴黎的埃菲尔铁塔建成以前，它一直是世界上最高的建筑。在整个人类历史上，还没有任何一种古迹能像胡夫大金字塔那样引起人们的感叹，激起人们的好奇心并产生如此广泛的猜测。

从胡夫大金字塔得出的一组数据告诉我们，4500 年前的埃及奴隶社会，已有了相当高的力学、数学和测量学水平。大金字塔基础占地 52900 平方米，塔底每边长 230 米，塔高 146.6 米，相当于 40 层大楼的高度。金字塔共用 230 万块巨石构成，每一块的重量从 2.5 吨到 50 吨不等。大金字塔同时显示了惊人的建筑技术，它表面覆盖的一层石头，切割得如此方正，拼合得如此紧密，以致接缝处连一张薄纸也难以插入。它的东南角和西北角的高度仅相差 1.27 厘米，而底面各边长度相差不过 20 厘米，其误差不到 0.9%。如果不是事先对角度、线条、基础承受压力等方面进行了精密的计算，是不可能达到这种结果的。更令人惊奇的是，金字塔的高和底边长之比，正好符合数学上著名的黄金分割律。

以上这些惊人的数据，使某些科学家对大金字塔的建造是否由人工所为提出了质疑。他们怀疑的理由之一是：当时的埃及奴隶社会并不知道在建筑工程中使用车辆和畜力，滑轮、滑车、绞车和起重机这些设备也没发明，他们仅仅依靠石制和红铜制的简陋工具，以及他们自身筋肉的力量，怎么能将重几吨乃至几十吨的石块搬运到一百多米高的塔上去呢？

围绕着这个"金字塔之谜"，许多科学家和考古学家在寻求着答案，甚至提出了各种离奇的推测。一部分科学家认为，像金字塔这样的工程，只有依靠电子计算机才可能完成，很可能是从另一个星球上来的超智慧"人类"的产物。还有一部分科学家则认为，金字塔根本就不是古代帝王的陵墓，它可能是预言未来一切重大历史事件的资料保存所，也可能是星际灾祸的纪念碑，还可能是一种宇宙测量系统的标志。

1986年，一位在世界上颇有影响的科学家大卫·杜维斯，对金字塔之谜提出了一种全新的见解——"金字塔的巨石是人造的"。

他对5块金字塔的巨石进行了化学分析，发现这些石头是用"石灰和贝壳经人工浇铸混凝而成的"。大卫·杜维斯甚至声称，在一块石头中，他发现了一绺头发，保存得很好。

但也有学者对此提出质疑，既然开罗附近有许多花岗岩山丘，那么古埃及人为什么还要用一种复杂的操作方法来制造那难以数计的石头？大卫·杜维斯的说法解释了大石块无法搬运的难题，但似乎仍然令人难以信服。

至此，"金字塔之谜"争论的焦点集中到了如何解释沉重石块的搬运的问题上。

经过多年的调查研究和考证，多数科学家比较倾向这样一条结论：打开"金字塔之谜"的钥匙，是奴隶们运用的物理学上的一条基本原理——斜面原理。

原来，大金字塔的内部是由一种粗红砂石构成的，这种石头产于大金字塔所在的吉萨本地;而金字塔表面所用的巨大石灰石则是来自尼罗河的东岸。当奴隶们利用撬杠和驳船,把沉重的石头运到位于尼罗河西岸边的吉萨时,岸边留下了一条从河边延伸到岸上的18米长的堤道,石块就是顺着堤道拖上去的。

大金字塔建成2000多年后,希腊历史学家希罗德曾经访问过吉萨。他记载说,当时这种雄伟的堤道给人留下的印象几乎和金字塔本身同样的深刻。

运到堤岸上的石块又如何移到金字塔上去呢? 大量的考证发现, 石块是由人力通过一道由泥土、砖和碎石砌成的斜坡拖上去的。迄今为止,在胡夫大金字塔旁边的另外三座金字塔附近,仍然可以见到类似的斜坡残迹。为了保持斜面适当的倾斜度,当金字塔的每一层石头盖上去以后,斜坡就应该加高和延长。据科学家计算,胡夫大金字塔的斜坡长度,最后要达到1600米,修筑坡道的土石方量大大超过了金字塔本身。尽管如此,在当时的技术条件下,斜坡作为金字塔建筑的"脚手架"是必不可少的。

你看,为金字塔巨大石块当年是如何搬运的问题,学术界进行了多年的争论,没想到解开这个谜底的钥匙,竟是简单的斜面原理。

不论学术界把问题考虑得多么复杂,在当时生产力极度低下的古埃及奴隶社会,聪明的奴隶们只能用这种既简单又实用的方法。

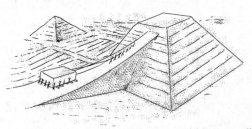
斜面和金字塔

古希腊埋下的奠基石

在远古时代,人类的科学活动是零散的、不系统的。无论是氏族社会半坡人的"敔器",还是古埃及奴隶建造金字塔时所使用的斜面原理,都充分反映出这一点。那时人类对物理这门学科的贡献主要是观察、记录了一些物理现象,初步积累、运用了一些力学知识。

物理学真正作为一门科学开始建立,还是在古希腊时期。

公元前 3 世纪,古希腊有一位著名的学者,名字叫阿基米德。他是古代精确且有系统地进行的科学研究的创始人之一。他对早期力学进行了广泛和深入的研究,其中一些优秀的科学成果,如阿基米德浮力定律、阿基米德螺旋、杠杆定律等,一直被人们应用、传颂到现在。

公元前 287 年,阿基米德诞生于地中海西西里岛的叙拉古王国。由于他父亲和当时叙拉古王国的国王亥尼洛有亲戚关系,因此阿基米德在国王的照顾下,从小就受到良好的教育。11 岁那年,他被送到埃及的文化中心——亚历山大城,进入著名学者欧几里得创办的学校学习物理学、数学和天文学。

在埃及学习期间,阿基米德开始了他的早期学术活动。当时的许多哲学家和自然科学家满足于臆造理论,而不去验证这些理论是否正确。阿基米德是早期少数几个用实验来验证科学理论的科学家之一。他自制了许多仪器,进行测量和实验,一种叫作阿基米德螺旋的提水工具就是他早期研究的成果之一。

阿基米德螺旋是通过将一根很长的木螺杆装在一个圆筒里制成的。把木螺杆底部放在水里,上部装在岸上,摇动木螺杆上的手柄,水就抽上来了。直到今天,阿基米德螺旋还在埃及被用来灌溉,在荷兰被用于沼泽地区排水。

阿基米德在亚历山大城度过了几十年的学习研究生活,公元前 240 年,他回到了故乡叙拉古,担任国王亥尼洛的顾问。这时阿基米德的物理知识已经非常渊博,尤其精通力学,他的阿基米德浮力定律和杠杆定律就是在这一时期建立的。它们为以后牛顿建立的力学宫殿埋下了一块奠基石。

关于阿基米德浮力定律的发现,流传着这样一段有趣的故事。

有一次,亥尼洛国王为了显示自己的富贵,便找来一个工匠,给他一定数量的黄金,命令他做一顶纯金的王冠。

到了规定的日期,工匠送来了金光灿灿的王冠,重量恰好和交付的黄金相同。只见王冠上面雕满了精致的花纹,流光溢彩,非常漂亮。亥尼洛国王十分满意,对王冠爱不释手,他准备重赏这位工匠。

可是这时旁边有位大臣进言道:"这顶王冠不一定是纯金的。工匠会不会用银子做芯,外面包一层黄金来欺骗殿下呢?"听了大臣的这一番话,国王顿时没了主意。

如果把王冠掰开检查,当然很快会一清二楚,但王冠做得太精致了,亥尼洛又舍不得毁坏它。这时他想到了阿基米德。于是阿基米德很快被召进宫来,国王把检验王冠的任务交给了他。

阿基米德这回真算遇到了难题,既要检验王冠是不是纯金的,又不能把王冠弄坏。他一连几天,日夜都在考虑着王冠的事,饭也吃不香,觉也睡不着。怎么办呢?阿基米德决定,还是先洗个澡,让头脑清醒一下吧!

澡盆里注满了水,当他的脚跨进澡盆时,水溢出了一点,身体坐进澡盆时,水被挤得向盆外直淌,他索性整个身子睡了下去,更多的水哗哗地流出盆外。随着身体浸入水中,他感到水对他的托力越来越大。

这本来是一个司空见惯的现象,阿基米德以前从没对这留意过。可是今天,他好像从中发现了什么秘密似的,竟把身子在澡盆里沉下去又浮上来,浮上来又沉下去。他用身体沉浮多次来体验浮力的大小,领悟到身体排开的水越多,浮力就越大。他立即联想到,王冠如果掺进银子,必然比同样重量的金子体积大,放入水中所受的浮力就会比纯金的大。

想到这里,阿基米德欣喜若狂,立刻跳出澡盆,连衣服都没穿好,径直向王宫跑去,边跑还边喊道:"尤里卡!尤里卡!"("尤里卡"的意思就是"我知道了")。

后来检验的结果,王冠里到底掺了假没有呢?根据各种历史记载,我们无法得出统一的结论。这不是本质问题,追究掺假没掺假意义也不大。重要的是,这个故事的科学价值是巨大的,阿基米德从洗澡这件平常的生活琐事中,总结出了一条极有应用价值的物理定律。

在《浮体论》这本书中,阿基米德写道:"物体浸在水中所失去的重量,等于它所排开的水的重量。"这就是著名的阿基米德浮力定律。

浮力定律的应用非常广泛。据说,美国大发明家爱迪生,有一次发明了一种形状奇特的新型灯泡。由于某种需要,他让一个精通数学的助手求出这种灯泡的体积。三天以后,爱迪生向这位助手要结果,这位正忙于计算的助手说:"灯泡形状太复杂,计算还没有完成。"爱迪生听了这话以后,就拿起一个灯泡,顺手按进一个装有水的有刻度的容器中,立刻就知道了灯泡的体积。这里,爱迪生就是借用了阿基米德浮力定律。

阿基米德对早期力学另一个重要的贡献,是发明了一种可以将力放大的定律——杠杆定律。在《论平面图形的平衡》一书中,他证明了物体的重量之比等于距离的反比,这就是说,如果我们想省几倍的力,就要使用一根动力臂比阻力臂长几倍的杠杆。

根据这个道理,阿基米德设想:如果用力压一根足够长的杠杆臂,不是任何重量的物体都可以举起来吗! 于是,他在写给亥尼洛国王的信中曾经说过这样一句名言:"如果给我一个立足点和一个支点,我就能移动地球。"

但是,如果真有一个立足点和支点,我们来撬动地球,那将会是什么结果呢? 自从英国的卡文迪许测出地球的重量以后,有人做过一番计算。

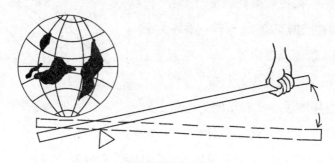

阿基米德的大话

原来地球的重量约为 5.98×10^{24} 千克,如果一个人能直接举起598千克的重物,那么他要"撬动地球"就得用这样一根杠杆,它的动力臂应当等于阻力臂的 10^{22} 倍。如果他想把地球稍微抬高1厘米,那么手用力的一端就得在宇宙空间划一个长度大约 10^{18} 千米的大圆弧。这个距离是十分遥远的，即使我们用 1 秒钟将杠杆端点撬动 1 米这样较大的功率来工作，也得花 30 万亿年的时间才能走完以上那么长的一段圆弧。

假若当年阿基米德知道地球有这么大、这么重，他是不敢夸这个"海口"的。

尽管如此，阿基米德这句"大话"所依据的科学原理还是正确的。杠杆定律至今还是作为一切简单机械设计的基础，被人们广泛应用着。

东方古国的杰出学者

比阿基米德所处年代稍晚一些的时候，在我国古代科技史上，也出现了一位令人景仰的人物——张衡。

张衡是我国东汉时期杰出的科学家。汉章帝建初三年，即公元 78 年，他出生在河南省南阳市石桥镇。张衡的祖父做过地方官吏，曾任蜀郡和渔阳太守，但到了他父亲这一辈，家境急剧衰落，所以张衡的童年是在贫困中度过的。

贫困的生活使张衡立志发愤读书，十多岁的时候，他已博览群书，写得一手好文章。公元 94 年，张衡离家出外求学。他到了当时最繁华的学术文化中心长安（今西安），在这里，他拜访了一些有学问的老师，结交

张衡

了不少朋友。后来，他又来到当时东汉时期的首都洛阳，就读于最高学府——太学。张衡在这所学校里，广泛阅读各家各派的著作，并善于把书本知识和实际见闻对照起来学习，因此学问大有长进。

一个偶然的机会，张衡读到一本叫作《太玄经》的书，这是西汉末年的学者扬雄写的一本哲学著作，里面谈到了许多自然科学方面的问题。张衡对书中有关物理、天文方面的内容产生了浓厚的兴趣，开始研究起来。不

久以后，张衡被皇帝任命为太史令，负责掌管历法，观测天文、气象等，这为他进一步研究自然科学创造了条件。

张衡经常观察日月星辰，探索它们在天空里运行的规律。他最先正确地解释了月食的成因，认为月食是由于月球进到地球阴影里的缘故；他还首先指出了月球本身不发光，月光是太阳光照到月球上面反射所形成的；他根据太阳在天空中的运行规律，解释了冬天昼短夜长和夏天昼长夜短的道理。后来，他把自己多年的研究成果写成了一本书，叫作《灵宪》。在这本书中，他已经用了赤道、黄道、南极、北极等名词，记录了2500多颗恒星，并且画出了我国第一张完备的星图。

在那个时代，人们为了解释天体运动的自然现象，提出了各种学说，其中最有代表性的是盖天说和浑天说。盖天说认为，地是平的，天像一只碗，反扣在地上。而浑天说则认为，天好像一个鸡蛋壳，包在地的外面，地好像鸡蛋黄，居于天的中间。

张衡赞成并发展了浑天说的思想。浑天说虽然不完全符合客观现实，但比盖天说大大前进了一步。在《灵宪》中，张衡明确提出，大地是一个圆球；宇宙和天地不是一回事，天地有大小，而"宇之表无极，宙之端无穷"，也就是说宇宙是无限的。

公元117年，张衡根据发展了的浑天说，制造了世界上第一架自动的天文仪器——流水转动的浑天仪。它能生动地表演天体的结构和运行，相当于现代的天球仪。浑天仪的构造主要是一个大铜球，上面刻着恒星和南极北极、经度纬度、赤道黄道。铜球装在一个倾斜的轴上，利用水力的作用，使铜球转动一周的速度恰好和地球自转一周的速度相等。

根据历史记载，这架浑天仪做得非常巧妙，人坐在屋子里看着仪器，就可以知道哪颗星正从东方升起，哪颗星已经到了中天，哪颗星就要落下西方去。但是，在当时的封建社会里，自然科学得不到应有的重视，这类创造发明被视为雕虫小技，浑天仪到东晋以后就失传了。今天在北京建国门古观象台上，有一架清朝铸造的天球仪，跟张衡所造的大体相仿，但是不能自

011

中国科普大奖图书典藏书系

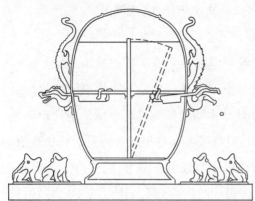

地动仪

主转动。南京紫金山天文台也陈列着一座明朝仿制的浑天仪。

张衡对物理学的贡献，是利用力学原理制成了世界上第一架记录地震的仪器——地动仪。

我国在东汉时期发生的地震次数较多。据史书记载，从公元 96 年到公元 125 年的 29 年时间里，就有 23 次较大的地震发生。为了准确、及时地记录各地的地震，经过 6 年的细心研究，张衡在公元 132 年制成了地动仪。利用它，不仅可以知道有没有发生地震，而且可以测出地震发生的大致方位。而在欧洲，直到 18 世纪才造出类似的地震仪。

张衡的地动仪用精铜铸成，外形像个酒坛。仪器外部铸着八条龙，对准东、南、西、北和东南、东北、西南、西北 8 个方向。每条龙的龙嘴是活动的，都含着一颗小铜球，好像欲吞欲吐的样子。地上对准龙嘴蹲着 8 个铜蛤蟆，仰着头，张着大嘴来接球。

在地动仪内部，立有一个上粗下细的震摆，它支面小，重心又高，所以稳定性很差。在摆的周围，有 8 根和龙嘴上唇相连的曲杆，如果哪个方向发生了地震，震摆就会倒向哪个方向的曲杆，致使龙嘴张开，铜球就会"当"的一声落向下方的铜蛤蟆嘴里。

公元 138 年的一天，地动仪西边的铜球突然"当"的一声落了下来，这说明洛阳的西方发生了地震。可是洛阳的人都没有丝毫感觉，学者和官僚们议论纷纷，讥笑张衡的地动仪不准。可是没过几天，有使者到京城报告，果然在离洛阳千里之外的陇西发生了地震。这时候，大家才赞叹地动仪真是灵敏。

张衡是一位博才多学的科学家，他在物理学、天文学、数学、文学和绘画方面都有独到的成就。特别是他创造的浑天仪和地动仪,在我国古代科技史上写下了光辉的一页。

公元139年,张衡在洛阳与世长辞,终年61岁。中华人民共和国成立以后,人民非常尊敬这位1800多年前的科学家,重修了张衡墓。郭沫若同志在他的墓碑上题词说:"如此全面发展之人物,在世界史上亦所罕见。万祀千龄,令人景仰。"

地心说和日心说之争

古希腊时期,著名的学者阿基米德曾说过一句名言:"如果给我一个立足点和一个支点,我就能够移动地球。"不难理解,当时阿基米德说这话的目的,是为了形象地比喻杠杆原理的作用。

可是,在1700多年之后,有一位叫哥白尼的波兰学者,凭借着他那科学思维的力量,果真将地球"移动"了。他把地球从原来"宇宙中心"的位置,移到了围绕太阳旋转的轨道上。自那时起,地球就再也没有回到过"宇宙中心"的宝座。

哥白尼是怎样"移动"地球的呢?

早在公元2世纪,古希腊学者托勒密就提出了一种关于宇宙构造的学说——地球中心说。这种学说认为,地球是宇宙的中心,它是静止不动的,而其他的天体则绕着地球旋转,且都以均匀的速度做圆周运动。

托勒密还把他的关于宇宙结构的设想画成了图。图中可以看出,从地球这个中心往外,分成八层:第一层是月亮,它距离地球最近;第二层、第三层是水星和金星;第四层是太阳,它在整个宇宙中传播着光和热;接着是火星、木星、

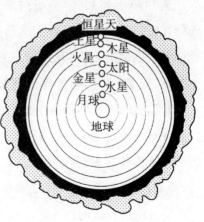

托勒密的宇宙体系

土星;最外面的第八层是恒星天。

地球中心说一问世,就在宇宙构造诸多学派中占据了统治地位。

这是因为,地球中心说和人们对大自然的直观感觉非常一致——我们的脚下是一个坚实的静止不动的大地,而日月星辰则在圆穹形的天上不停地绕着我们旋转。当时几乎谁也没有怀疑,地球是整个宇宙的基础。

另一方面,地球中心说符合宗教神学对宇宙的解释。《圣经》里写道:静止的地球是宇宙的中心。上帝为了照亮白天,造了个太阳;为了照亮黑夜,又造了个月亮。这样,地球中心说又成了论证宗教神学的工具。在众多的信徒心中,地球是静止的宇宙中心,成了天经地义的绝对真理。

于是,人们就这样在错误的"天地"里繁衍生息了1000多年,直到有非凡创见和勇气的哥白尼出现才改变了它。

1473年,哥白尼诞生于波兰北部一个叫托伦的小城。他的父亲原来是个富商,不幸的是在哥白尼10岁那年死于一场瘟疫,从此,哥白尼就由担任一个教区主教的舅父抚养。

18岁那年,他进入当时波兰的著名学府——克拉科夫大学读书。克拉科夫大学很重视自然科学,哥白尼在那儿对天文学产生了浓厚的兴趣,学会了用天文仪器来观察天体。

从1496年到1506年,哥白尼一直在当时欧洲文化的中心意大利留学,先后在帕多瓦和波伦亚等大学学习。当时,文艺复兴时期的意大利正处于思想大动荡之中,许多新思潮不断涌现,各种旧思想和理论不断受到冲击和批判,关于天体运行的理论就是如此。

托勒密的地心体系由于是建立在一个错误的基础上的,随着时间的推移和观察天体的增多,天体位置的推算工作就变得越来越烦琐和复杂,而结果却依然和观测实际不符。到1500年前后,托勒密体系越来越千疮百孔,不能自圆其说,许多科学家开始对这一体系表示轻蔑和厌恶。哥白尼所在的波伦亚大学的达·诺法拉教授就对托勒密体系的正确性表示怀疑,认为宇宙结构可以用更简单的模型来表示。

但是,到哪里去寻找更简单的模型呢?

受他的老师的影响,哥白尼萌发了探求新宇宙结构的愿望。他首先查阅了古代学者研究天体运行的资料,发现在托勒密之前,古希腊萨摩斯岛的毕达哥拉斯就曾经有过"不是太阳绕地球运动,而是地球绕太阳运动"的假说。但是,毕达哥拉斯只停留在提出这一假说,而没有进一步阐述和论证,因此他的学说被扼杀了。

毕达哥拉斯的假说,像黑夜里的闪电一样,穿过了十几个世纪漫长的时光,使迷惑中的哥白尼似乎找到了一条改变托勒密杂乱的宇宙体系的出路。他激动地说:"既然前人可以随意地想象通过圆周运动来解释星空现象,那为什么我就不能设想地球有某种运动呢?"

哥白尼的探索才开了个头,1506年春天,由于舅父来信的要求,他结束了在意大利的留学生活,带着"日心说"这颗尚未萌发的种子回到了波兰。

这时的哥白尼,已初步形成了日心说的思想。但是,有了新思想和新观点,不等于就建立了新学说,从假想到科学事实还有一段艰难的路要走。况且,在古希腊时代,人们的思维比较活跃,可以自由地发表见解。而在哥白尼所处的那个年代,宗教神权主宰着一切,"科学成了教会的奴仆"。因此,在这个时候要对宗教神权赖以生存的地心说提出挑战,一方面需要有惊人的胆魄,另一方面必须要靠大量观测的真凭实据来说话。

回到波兰的哥白尼,白天帮助年迈多病的舅父处理教区里的事务,晚上就一心一意探索他的宇宙构造。他在教堂的一座角塔里建立了一个简易天文台,并自制了三弧仪、照准仪、捕星仪和象限仪等简陋的观测工具。那时候望远镜还没有发明,哥白尼只能凭着肉眼和简陋的观测工具去发现天空的秘密。

在这座角塔里,哥白尼几乎度过了他的后半生。他30年如一日地观测天象,积累资料,并以严密的数学运算来核实他的理论。在这同时,哥白尼打算写一本书来讲明天体运行的真实情况。在1512年哥白尼39岁时,他将自己的初步研究成果写成了一篇名为《论天体运动的假说》的文章,分送给最亲密的朋友阅读。《论天体运动的假说》扼要地提出了他对宇宙结构的基本看法。

当时,哥白尼没有考虑将自己的论著公开发表。他知道,自己提出的太阳中心说是和基督教的教义水火不相容的,他的学说会使宗教统治的精神大厦濒于崩溃,同时也会过早地使自己受到无理的迫害。

哥白尼在等待,等待着适当的时机。他一边继续观测天空,一边修改、充实着他的学说。1530 年,在原来《论天体运动的假说》的基础上,哥白尼三易其稿,终于完成了《天体运行论》这部划时代的巨著。

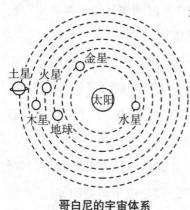

哥白尼的宇宙体系

这部巨著共分为 6 卷。在第一卷里,哥白尼讲述了地球的运动和宇宙的构造,驳斥了地球是宇宙中心的谬论。在后面的 5 卷里,哥白尼用精密的观察记录和严格的数学论证,来阐明他在第一卷里提出的主张。

在哥白尼提出的新宇宙体系里,太阳跑到宇宙的中心去了,其他行星都围绕着太阳旋转,地球成了一个普通的行星,它的旋转轨道在金星和火星之间。至于月亮,它只不过是绕着地球旋转的一颗卫星而已。

和托勒密的地心说比较,哥白尼的日心说对行星运动的解释更为简明,仅仅这一点就足以令人信服。

但是,谨慎的哥白尼迟迟不肯将他的著作拿出去公开发表。他唯一的学生雷提卡斯敦促他说:"一部手稿是很容易散失的,如果将它印成了几百上千部的书,让这些书流传开去,要把它们消灭就不是轻而易举的事了。"

这时的哥白尼已是年近 70 的老人,他预感到自己的时间不会太多了,于是接受了学生的建议。这部巨著的手稿被火速送到印刷厂。

1543 年 5 月,当他那部扭转乾坤、改变 1000 多年来人类宇宙观的巨著

《天体运行论》终于在德国纽伦堡出版时，哥白尼已卧在病榻上奄奄一息。第一批样书送到他面前时，他只是用冰凉的手触摸了一下，就安详地闭上了眼睛，闭上了这双曾经在辽阔的宇宙中不断探索真理的眼睛。

二、意大利的曙光

科学勇士——伽利略

曾经被恩格斯称为古代"最博学的人"的亚里士多德，是公元前300多年古希腊的一位著名的物理学家和哲学家。

亚里士多德是古代知识的集大成者，他的著作是古代的百科全书，据说有400~1000部之多。在物理学方面，亚里士多德最重要的贡献是创造了这门学科的名称，"物理"一词的现代拉丁文"physica"，是他从希腊文"φγσιδ"（自然）一词推演而来的。

但是，对于身边出现的许多物理现象，亚里士多德只是单凭生活经验去想象和推理，并没有从事任何一项实验来加以验证，所以他提出了许多错误的看法。比如：①他认为物体只有受到推力的时候才运动，推力一旦消失，运动就停止；②他坚持说，重的物体比轻的物体下落快；③他主张地球中心说，认为地球是宇宙的中心，等等。亚里士多德的这些断言曾被人们视为绝对真理，统治科学界达1000多年，严重阻碍了科学的发展。

对亚里士多德的有关学说提出挑战的第一个人，是意大利的科学勇士——伽利略。伽利略是经典力学和实验物理学的先驱者，他在物理学方面的主要贡献是，通过亲自试验，确定了自由落体定律，发现了单摆振动的等时性，总结出了物体的惯性定律、合力定律、抛体运动规律，提出了运动的相对性原理，给相对速度、加速度等运动的基本概念做出了科学的定义。伽利略的出现，使人们看到了意大利的曙光。

伽利略于 1564 年 2 月 15 日出生在意大利的古城比萨。17 岁那年,在父亲的一再劝说下,进入比萨大学攻读医科,可是他始终对物理学和数学有着浓厚的兴趣。学生时代的伽利略已显露出非凡的思考能力和过人的才华。

1582 年的一个礼拜天,比萨城内环境幽静的大教堂里传出阵阵管风琴的乐曲声,人们开始做礼拜了。大学一年级的医科生伽利略也在这虔诚的人群中。这时,一位司事来给教堂顶端悬挂的吊灯加油,司事走后,这盏吊灯仍然在空中长时间地摆动。这个常见的现象引起了伽利略的注意,他惊奇地发现,吊灯摆动的幅度尽管越来越小,但每次摆动所花的时间似乎相等。难道在这单调的摆动里还藏有什么秘密? 伽利略想起了学校老师曾讲过,脉搏的跳动是非常有规律的。于是他一面用右手按着左手的脉搏,一面注视着吊灯的摆动,测量结果表明,不论摆动的幅度大也好,小也好,摆动周期的确不变。

伽利略兴奋极了,从教堂回到家里,他找来了铁块、石头、书本、茶杯等许多东西,并统统把它们用细绳悬挂起来,研究它们的摆动规律。

他将同一个摆拉开不同的角度,分别让它摆动,结果每次摆动的时间相同。

接着,他用同一根细绳分别系上不同重量的物体,让它摆动,结果每次摆动的时间依然是一样的。

然后,他将长短不同的两根绳子系上同样大小的小球,同时让它们摆动,发现绳子短的摆动快些,绳子长的摆动慢些。

实验结果清楚地表明,单摆的振动周期与小球的重量无关,与单摆张开的幅度无关,而仅仅与单摆的摆长有关。这就是摆的等时性原理。

摆的等时性确立以后,伽利略又开始琢磨它在实际中的应用问题。他发现,如果细心调节绳子的长度,最终可以使摆的摆动快慢和脉搏的跳动完全一致。根据这一原理,伽利略制作了一种"测脉计"。这种"测脉计"有一个可以任意调节的摆,摆绳上有标记,仪器上刻有数字。当摆绳的标记对准数字72,就每分钟摆动72次,标记对准80时,则每分钟摆动80次。医生使用这种仪器就能迅速、准确地测定病人的脉搏。"测脉计"是摆的等时性原理的最初应用。

伽利略对摆的研究前后经历了长达几十年的时间。1582年他发现了摆的等时性,后来知道了"摆的长度越长,摆的周期就越长"。到1638年,他在《两种新科学的对话》中,又明确了"摆的周期与摆长的平方根成正比"。

在伽利略之后,荷兰的科学家惠更斯又做了进一步的研究,于1656年制成了世界上第一个用摆的振动来计时的钟表。

比萨斜塔的故事

伽利略从小就爱好做实验,对每一件事物都一定要经过自己的仔细推敲琢磨,不盲从权威。亚里士多德认为,重的物体落地快,轻的物体落地慢。使伽利略感到奇怪的是,亚里士多德怎么可以不做任何证明,就对某一现象凭空做出肯定的论断呢? 而后来的学者们竟盲目地重复这个论断达1700年。伽利略对亚里士多德的论断提出了疑问,他决心要用实验的结论来说话。

于是,历史上就流传了以下这个广为人知的比萨斜塔实验的故事。

相传1590年的某一天,在意大利比萨大学的校园里出现了一张通知,通知里写道:年轻的伽利略教授(当时年仅26岁),在他的几位学生的协助下,将于第二天中午在比萨斜塔上做一个内容新奇而有趣的实验,邀请全体师生前往观看。

第二天中午,在好奇心的驱使下,一些学生和教授按时来到了斜塔脚下,想弄清这个"内容新奇而有趣"的实验的奥秘。

著名的比萨斜塔,建于公元1173年,塔高55米。当年筑塔时,由于塔基出了问题而使塔身发生倾斜,最后成了一座斜塔。没想到几百年后,由于这座塔的倾斜,却为伽利略提供了一个理想的实验场所。

伽利略向人们解释了他要做的事。在当时欧洲的各个大学里,长期以来人们都接受着亚里士多德传统理论的教育,认为重的物体比轻的物体下

比萨斜塔

落得快。那么，客观事实是怎样的呢？

实验开始了。伽利略让一个学生首先登上斜塔的第二层，将两个分别重1磅和10磅的铅球放进一个特制的盒子里。只见伽利略在塔下一挥手，持盒子的学生一碰按钮，盒子顿时打开，两个轻重不同的铅球同时离开盒子，转眼之间，只听"啪"的一声，两只轻重不同的铅球同时落地，这使在场的人都大吃一惊。接着，伽利略分别让学生在塔的第三层、第五层和塔顶重复了这一实验。每一次，不同重量的铅球从同一高度落下来，都是同时到达地面。

以上这段故事虽然描述得活灵活现，但是查无实据。如果真有这件事，那肯定会引起很大轰动，可史学家们查遍了当时的文献资料，都没有找到类似的记载，就连伽利略本人的著作也根本没有谈及。

实际上，早在传说的伽利略进行斜塔实验的三年前，即1587年，荷兰的著名学者西蒙·史特芬就已经证实，从二楼窗户下落的两个轻重不同的铅球是同时着地的。史特芬在《力学》一书中明确写道："反对亚里士多德的实验是这样进行的：让我们拿2只铅球，其中一只比另一只重10倍，把它们从30尺的高度同时丢下来，落在一块木板或者什么可以发出清晰响声的东西上面，那我们会看出轻铅球并不需要比重铅球多10倍的时间，而是同时落到木板上，因此它们发出的声音听上去就像是一个声音一样。"

其实，不论伽利略是否在比萨斜塔上做过落体实验，在他所著的《两种新科学的对话》一书中，通过巧妙的推理，就已经把亚里士多德的学说驳得体无完肤了。

伽利略写道：如果假定亚里士多德的理论成立，即物体越重下落得越快，那么,若用一根绳子将一个重物体和一个轻物体紧紧拴在一起让它落下,结果又会怎样呢?即使重物体想要快速下落,但下落慢的轻物体又要拖重物体的后腿,所以整个物体会比重物体单独下落时慢些。但是,要是考虑到在重物体的基础上又增加了一个轻物体,那么,变得更重的物体岂不应该比单独落下时更快吗?从同一个假设中得出了两个完全矛盾的结论,这就证明,开始时的假定是错误的。因此,重物体和轻物体是以同样的速度下落的。

看到这里,也许有些读者还会感到有点迷惑不解,提出:如果我们在高处同时放下一个纸球和一个铅球,那么当纸球还在空中飘荡的时候,铅球就早已着地了。这岂不是证明了亚里士多德学说是正确的?

需要指出的是,把对生活现象中的直觉看作是真理,这正是亚里士多德当年犯经验主义错误的原因。事实上,物体在空气中下落,都要受到空气的阻力。纸球轻,空气阻力的影响大,不可忽略;而铅球重,空气阻力的影响小,可以忽略。如果在真空中进行纸球和铅球同时下落的实验,排除了空气阻力的影响,它们一定会同时落地。证明这一点并不困难。中学物理实验室里有一种真空管演示仪,在玻璃管中放入羽毛和小钢珠等物体,然后抽出管里的空气使其形成真空状态,上下颠倒真空管,就会看到管里的羽毛和小钢珠是同时落下的。

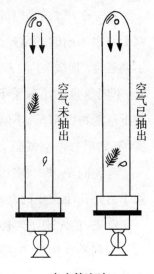

空气未抽出　空气已抽出

真空管实验

1969年美国"阿波罗11号"飞船载着人类第一次登上月球,由于月球上没有空气阻力,宇航员便用一个小铁锤和一根羽毛为人们做了落体实验的精彩表演,进一步证明了伽利略是正确的。

一个巧妙的实验

上面我们谈到,伽利略对亚里士多德关于"物体越重下落越快"的理论,只用一个简单而巧妙的推理就给予驳倒,从而使流传了1000多年的谬误得以纠正。

伽利略不仅在理论上驳倒了亚里士多德，而且还亲自设计了著名的小球滚动实验，用实验数据进一步证实了自己推理的正确性。

小球滚动实验的关键，在于证实不同重量的小球下落的速度是一样的。而在当时来说，做这种测量是很不容易的。因为要测量速度，必须先测定时间，可那时的钟表还非常粗糙简陋，伽利略只能用简单的水钟计时。所谓水钟，就是取一个很大的桶，在桶底打一个小洞，把洞塞上后将水灌入桶内，当球刚开始运动时，同时将小洞打开，桶里的水开始缓缓流出，流入一个专门的容器内。当小球通过了预定的距离后，立即将桶上的小洞塞住，然后采用称重的办法来确定流入容器中的水量。

实验中还有一个困难是，物体的坠落十分迅速，致使无法进行精确的测量。于是，伽利略利用斜面来"延缓"重力。

在一个很长的带有凹槽的光滑斜面上，让金属小球自由地向下滚落，斜面与水平面的倾角越小，小球滚动就越慢，这样就可以较从容地测量被不同程度"延缓"了的落体运动。伽利略通过测量发现，当斜面倾角一定时，不同重量的小球滚下斜面的时间是相同的。当倾角为90°时，就是垂直下落的特殊情况，不同重量的小球依然以相同的速度到达地面，从而证实了，如果忽略空气阻力的作用，轻物体的下落将会同重物体一样快。

有趣的是，伽利略通过小球斜面实验不仅得到了以上结论，而且还得到了另外几项重要的发现。

首先，他发现了匀加速运动定律。

伽利略在生活中很早就观察到，物体运动并不像古人所认为的只是简单的匀速运动，他认为还有一种匀加速运动。他假设这种运动的速度和时间成正比，可以推导出匀加速运动的路程和时间的平方成正比。这一假设被小球滚动实验证实。

让小球在光滑斜面上自由落下，记下每次运动时间和距离的关系。通过分析这些数据，伽利略发现，斜面上的小球在相等时间间隔里通过的距离比总是 1∶3∶5∶7∶…而运动距离和所用时间的比总是 1∶4∶9∶16∶…他改变斜面的长度和斜角，先后做了 100 多次实验，证实了小球的运动速度和时间成正比，运动距离和时间的平方成正比，这就是匀加速运动的定律。

其次，他还发现了惯性定律。

远在 2000 多年以前，人们已经提出了运动和力的关系问题。直觉的经验告诉人们，运动总是跟力的作用分不开的。当时有名的学者亚里士多德从对一些运动的观察中得出结论：必须有一个恒定的力作用在物体上，物体才能够以恒定的速度运动，没有力的作用，物体就要静止下来。在他看来，力就是使物体运动的原因。

伽利略观察分析了大量的不同类型的运动，着重研究了物体在斜面上的运动。他注意到，物体沿斜面向下运动时，速度不断增大；沿斜面向上运动时，速度不断减小。这两种运动变化的差别，完全是由于斜面倾斜的方向不同而引起的。伽利略的过人之处，在于他的思想并未在此中断，而是根据这一事实提出：如果一小球从一斜面滚到一个既不向下、也不向上倾斜的平面上，它将会怎样运动呢？通过

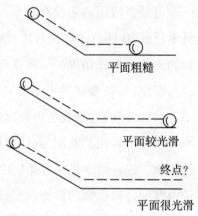

平面粗糙

平面较光滑

终点？

平面很光滑

小球斜面实验

实验，伽利略发现，平面越光滑，小球在平面上滑行的距离就会越长。伽利略由此继续推想，水平面如果光滑得没有阻力呢？那结果必然是永远运动下去，不会停止。因此，伽利略总结得出惯性定律最一般性的描述：“若某物体沿水平面运动，而运动中又没有遇到任何阻力，那么，该物体将做匀速运动，而如果平面在空间延伸至无限远的话，这一运动将永远延续下去。”

当然，伽利略明白无阻力的世界是不存在的，这种在光滑平面上（多少会有阻力）运动的小球并不会永远运动下去。问题在于，伽利略的这种理想化的运动，是一种科学的抽象，它更深刻地反映了事物的本质，揭示了物

质运动的内部规律。

从亚里士多德的思想方法到伽利略的思想方法，是一个重大的飞跃。近代著名物理学家爱因斯坦曾高度评价这一工作，他说："伽利略的发现以及他所应用的科学推理方法，是人类思想史上非常伟大的成就之一，标志着物理学的真正的开始。"

无所不在的压力

围绕着"运动和力的关系"这个问题，伽利略用实验的方法，令人信服地纠正了亚里士多德的错误观点，取得了第一个回合的胜利。

但是事情还远远没有结束。由于亚里士多德的学说长期统治着自然科学领域，他的许多错误看法，他对自然界许多现象的片面解释，已经在人们的头脑中根深蒂固，一些保守势力还死抱住亚里士多德的观点不愿放弃。因此，要改变这种可悲的局面，就需要用更多的实验事实来说话。其中，大气压强的发现就是很典型的事实之一。

16—17世纪的欧洲，人们普遍采用一种老式的抽水机来抽取煤矿井下的积水。这种抽水机很原始，用一根又粗又长的管子，里面安上一个和管子内壁配合得很紧的活塞，把活塞推到管子的最下端，然后插到积水里。向上提起活塞，水就像被活塞吸住似地抽上来了。

为什么能把水抽上来呢？亚里士多德的信徒们根据他的"自然界厌恶真空"这一观点，解释道：活塞上升以后，如果水不随着上升，在水面和活塞之间，就会出现真空。而自然界是厌恶真空的，因此水就随着活塞上升了。

这种解释现在看来是很幼稚可笑的，可是在当时的欧洲，有许多人把它看作是真理。

但是，1640年在意大利却发生了一件"意外"的事情。佛罗伦萨有一位贵族，请人在自己家的院子里打了一口深井，技师们使用当时最优良的抽水机抽水的时候，那水就像中了魔法似的，上升到10米以后，就再也不肯上升了。这是什么原因呢？技师们把机器全部检查了一遍，证明机器完好无损。他们又想了许多办法，仍然没有效果。

技师们没了主意，只好去请教著名的实验大师伽利略。当时，伽利略已经年老体弱，而且双目失明，没有精力去寻求答案。他只是指出，从井里提升水不是无限的，到了一定的高度就不能继续提升了。最后伽利略请他的学生托里拆利来解决这个问题。

托里拆利仔细分析了抽水只能到达10米这一现象后认为，空气是有重量的，有重量就会有压力，而这个压力有一定的大小，所以迫使水所能达到的高度有一个限度。同时，他还可以使密度不同的其他液体上升到不同的高度。

为了证实自己的这一设想，托里拆利进行了一系列的实验。首先他想到了水银，因为水银的密度是水的密度的13.6倍，那么在同样的压力条件下，水银上升的高度就应该只有水的$\frac{1}{13.6}$。

他把一支1.2米长、一头封闭的玻璃管灌满水银，用手封住开口，倒过来放进水银槽里，移开手后水银柱立即降了下来，用尺一量，水银柱的高度为76厘米，76厘米的13.6倍正好是10米左右，实验的结果和托里拆利的预想完全相符。

后来，托里拆利在写给朋友的信中，详细介绍了这个实验的设计思想和方法。他指出：亚里士多德的关于"自然界厌恶真空"的说法是毫无根据的，液体上升有一定的高度，这是因为大气压强作用的结果。大气压强是普遍存在的，他算出大气的压强约为每平方厘米1千克。

对于托里拆利所进行的实验及其解释，持亚里士多德观点的学者并不相信，他们提出了反驳意见，按照托里拆利的计算，大气压强每平方厘米约为1千克，那么一个成年人的人体表面积约有2平方米，这样推算人体表面所承受的总压力竟高达20吨。人哪能受得了这么大的压力？因此，他们根本否认大气压强的存在。

这场争论的消息传到法国，巴黎有一位叫帕斯卡的物理学家很赞同托里拆利的观点。他不仅重复了托里拆利的实验，而且还用新的实验验证了自己的推论:既然大气压力是因为空气重量产生的,那么在海拔越高的地方,由于空气层较薄,气压就应该小一些,玻璃管中的液柱也应该更短。

1648 年,住在巴黎的帕斯卡由于在附近找不到理想的实验地点,他就写信给住在法国南部多姆山附近的姐夫佩里埃,指导他在多姆山上进行实验。多姆山的高度大约是 1000 米,佩里埃分别在山脚和山顶重复托里拆利的实验,发现山脚下的水银柱比山顶上的高 8.5 厘米。帕斯卡还在巴黎市内的一座 50 米高的教堂顶端和底部分别做这个实验,发现水银柱的高度也有差别,只是教堂下面的水银柱比顶上的仅高 0.45 厘米罢了。帕斯卡不仅又一次验证了大气压强的存在,而且还精确地计算出,在海平面以上,每升高 12 米,水银柱就降低 1 毫米。

继帕斯卡之后,在大气压强的研究上最具有说服力的实验,是德国马德堡市的市长奥托·格利克的一次在历史上有名的表演。

1654 年,奥托·格利克请人精心制作了两个直径近 40 厘米的空心铜半球,在中间垫上皮圈,合在一起就成了一个不漏气的空心铜球。在马德堡市中心的广场上,奥托·格利克邀请了许多人来观看这场实验表演。

他先把两个半球灌满水并合拢,然后将水全部抽空,球内就形成了真空。把气嘴封死后,再在每个半球的耳环上套上结实的带子,两边各拴上几匹马,这两边的马在马夫皮鞭的指挥下奋力向相反的方向拉。没想到,几匹马的力量竟拉不开两个小小的铜半球。格利克命令再增加马匹,一直增加到两边各有 8 匹马,共 16 匹马时,两个铜半球才被拉开。

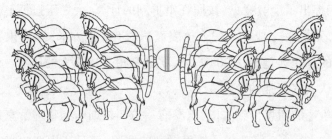

马德堡半球实验

奥托·格利克的这次表演在历史上被称为"马德堡半球实验"。这次实验不仅使托里拆利大气压强的理论得到了科学界的承认，还使人们看到了空气压力的巨大威力。

其实早在古希腊时期就有人对空气存在压力有了初步的认识。当时，西西里岛上的居民使用着一种厨房汲水工具，叫作"库雷普修德拉"。从某种意义上说，它也是一种证实空气压力的装置。

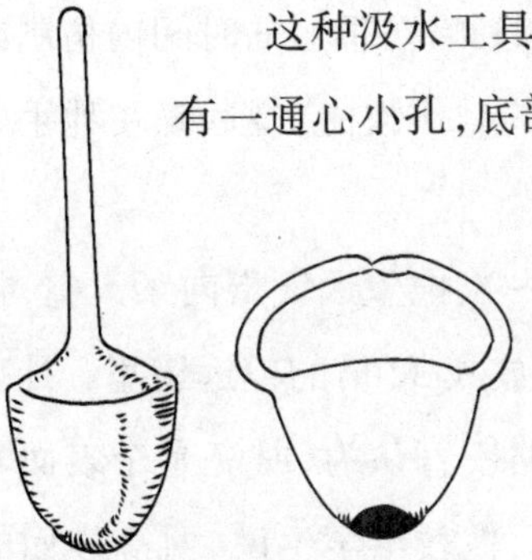

这种汲水工具有两种类型，如图所示，它们的持柄上端分别有一通心小孔，底部则有许多小孔。拿住持柄将其插进水中，水便从底孔流入。然后用手指按住上部的孔将汲水工具提上来，这时水就不会流出而贮存在容器中。为什么会产生如此奇特的效果呢？当时西西里岛的居民已经正确地认识到，这是由于周围存在着肉眼看不见的空气压力的结果。

古希腊的汲水工具

发现了新宇宙

在 17 世纪以前，人们对宇宙的认识是非常有限的，一个重要的原因，是人们对天体的观察仅仅是凭着肉眼进行的。

望远镜的发明犹如增添了一双"千里眼"，使人类对天空的认识大大迈进了一步。

谈起望远镜的发明，还有一段有趣的故事呢！

1608 年的一天，在荷兰一位眼镜工匠的家里。这天，做工匠的爸爸一早就出去办事了，两个顽皮的儿子趁机摸到爸爸的工作台前玩耍。其中的一个孩子拿起平常用来截取眼镜框子的铜管，试着在两个管口分别放上两个镜片，然后透过镜筒向前望去，眼前看到的景象不禁使他大吃一惊。透过两个镜片，他看到一个黑色毛茸茸的怪物，正慢慢向他爬过来。他赶忙扔下镜筒，怪物不见了。过了片刻，他顺着刚才镜筒的方向，在窗格上找到了一只大苍蝇，正在搓动着两只前爪……小孩好像领悟到了什么，他接着把镜筒对着家中的一些物品，这些物品突然都跳到他的眼前，变得又大又清晰，放下镜筒后，这些物品又都"跑"回了原处。

爸爸回来后，两个小孩报告了他们的发现，这位工匠重复了刚才的游戏，果然如此，两块镜片相隔一段距离重叠起来可以看清远处的物体。

在眼镜透镜产生 300 年后，望远镜就这样被两个小孩在无意中发明了。

发明望远镜的消息很快传到了意大利，伽利略在很短的时间内仿制出了望远镜。由于具有丰富的实验知识和精湛的制作技能，望远镜在他手中日臻完善，放大倍数也不断增加。

1609 年深秋一个晴朗的夜晚，伽利略第一次把望远镜指向了天空，指向离我们地球最近的一个星体——月亮。在放大 32 倍的望远镜里，月亮上所呈现的景象使他欣喜若狂。以前，伽利略一直认为，月亮是个表面非常光滑的天体，它像太阳一样自身可以发光。他教给学生说，月亮表面的曲线就像用圆规画出来的一样。现在他通过望远镜看到的完全不是那么回事，他看到月亮表面分布着峰峦起伏的大山和大片大片的平原，还有许多像火山口那样的环形山。经过进一步观察，伽利略还发现月亮上的山峰有阴影形成，而且阴影随时间有规律地移动。伽利略不禁问道：如果月亮自身发光，怎么会有阴影形成呢？难道说，月亮也和地球一样，靠从太阳那里得到光吗？观测的结果使伽利略得出以下结论：月亮本身并不发光，它只是被太阳的光照亮，然后把太阳光反射到地球，因而使我们产生月亮会发光的错觉。

对月亮的观测告一段落。1610 年 1 月 6 日的夜晚，伽利略又把望远镜转向了木星。

对木星本身的观测没有什么结果，引起伽利略兴趣的是在它左右两侧分布的一些光点。第一天，他看到有三颗星呈水平直线位于木星的左侧；第二天，发现位置有了变化，有两颗星在木星左侧，一颗星在右侧。位置改变的原因有两种可能：一种可能是星星的位置在变化；另一种是木星自己改变了位置。伽利略决心通过观察进一步搞清楚。

1月8日,他惊奇地看到,这3颗星的排列又变了,它们全跑到了木星的右侧。2天以后,只有2颗星出现在木星的左侧,显然,第3颗星躲到木星背后去了。到1月13日,他看木星周围又多了1颗星,一共有4颗星[①]。敏感的伽利略很快意识到,这4颗在木星周围忽左忽右变化的星实际上是围绕木星旋转的4个卫星。就像月亮围绕地球旋转一样,这4颗卫星都有各自的轨道。

伽利略

伽利略的这个发现在当时无疑是个大胆的突破。因为在此之前,人们都是按照托勒密的地心说理论,认为一切天体都是绕着地球这个中心运转的,而发现木星具有4颗卫星[②],这一观测结果有力地抨击了地心说理论。

金色的秋天,不愧是一个收获的季节。

这一年的9月末,当伽利略把望远镜对准了离地球较近的1颗内行星——金星,又一项新的发现呈现在他的眼前:原来金星也像月亮一样有位相变化,有时是圆形,有时是半圆,有时又是一弯"残月"。伽利略没有急于把这项发现向外界公布,因为有些问题还有待进一步观测研究。为了防止别人夺去发现权,伽利略事先公布了一句经过精心设计的暗语。这句暗语是:

Haec immatura a me iam frustra leguntur-oy.

从字面解释,这句话的意思是:枉然,这些东西今天被我不成熟地收获了。

---

① 据《天文爱好者》1981年第四期载文,我国自然科学史工作者最新考证,最早用肉眼发现木星卫星的是中国人甘德,他是战国时代人,他的发现比伽利略要早2000年。

② 1979年,美国宇宙飞船"旅行者一号"和"旅行者二号"发现,木星的卫星实际上多达14颗。

　　伽利略为什么要公布这句叫人摸不着头脑的暗语呢？因为在当时欧洲的学术界，人们经常为"谁最先发现"这一问题发生争执。为了防止别人抢先夺去发现权，可以把自己尚待进一步证实的发现先用暗语发表。具体方法是：把自己的发现编成一句简明扼要的话，然后把这句话的字母全部打乱重排，变成另一句毫无关联的话，先将这句"毫无关联"的话公布出来，到必要的时候再还其"庐山真面目"，证明自己的发现在先。

　　同年12月，伽利略在观测中证实了金星的位相变化，这才将暗语的35个字母重新排列，公布了暗语的谜底：

Cynthiae figuras aemulatur mater amorum.

　　意思是：爱神的母亲仿效迪雅娜的位相。这里，爱神的母亲指的是金星，迪雅娜是指月亮。也就是说，金星也像月亮一样有位相的变化。

　　对月亮的观测、木星卫星的发现、金星的位相变化，这些都给托勒密的地心体系画上了一个又一个问号。伽利略决心写一本书向世人述说他的这些发现，不久以后，《星的使节》一书问世了。书中展现的许多最新发现，将读者带入了神奇的星空，人们赞叹道：哥伦布发现了新大陆，伽利略发现了新宇宙。

对话带来的迫害

　　伽利略对物理学做出的贡献是巨大的，这个贡献的价值是无法用具体数字衡量的。但是，这位伟大科学家的一生历尽坎坷，受到的待遇非常不公平。

　　伽利略通过对天空长期的观测，坚信哥白尼关于日心学说的理论真实地反映了客观世界的运动规律。但是，在当时那种神权专制统治的社会中，教会规定只能宣传托勒密的地心说，因为地心说符合宗教神学对宇宙的解释。

　　由于伽利略曾在许多场合公开宣传哥白尼的日心学说，1616年2月，枢机主教团给他下了一道命令：无论在讲课中还是写作中，都不许再把哥白尼的学说说成是绝对的事实。

在宗教势力的强大压力下，是做教会的奴仆还是做科学的"信徒"，伽利略勇敢地选择了后者。公开宣传哥白尼学说的路是行不通了，只能采取别的较隐蔽的形式。他想到了写书，可以利用书中人物的嘴来说出自己想说而不能说的话。伽利略用他那充满智慧的头脑，构思着一部伟大的巨著。经过长达 5 年的辛勤耕耘，1632 年 2 月，他的《关于两种世界体系的对话》一书诞生了。

这是一本别开生面的有趣的读物。书中采用三个人对话的形式，用两种不同的观点对世界体系展开了针锋相对的辩论。参加辩论的三个人是：哥白尼体系的捍卫者萨维阿齐，他在书中给人的印象是思路敏捷，才智过人，有雄辩的口才和丰富的科学头脑；第二个人是信奉托勒密学说的塞格里多，他思想愚笨，反应迟钝，论据简单可笑，常常成为对方嘲弄的对象；另一个人是中立者辛普利索，他向双方提出问题，使辩论能够进行下去。

伽利略通过这部著作，总结了他在自然科学方面一系列新的发现，抓住足以说明事物特征的论据，有力驳斥了托勒密的地心说，精辟地论证和发展了哥白尼的日心学说。虽然伽利略在书的序言中曾声明自己并非相信哥白尼的观点，但每一个看过这本书的读者，除非是傻瓜，都会很清楚地看出作者的真实意图：哥白尼是正确的，地球确实在围绕着太阳转动。

《关于两种世界体系的对话》一书的出版很快引起了教会的注意，读到它的教士们被里面的内容惊呆了，他们纷纷向教会反映：伽利略又在宣传哥白尼的学说。教会被激怒了，在这本著作问世短短半年后，从罗马教廷传来一道命令，宣布《关于两种世界体系的对话》是禁书，立即停止销售和传播。

事情并没有到此结束，教会的魔爪进一步伸向伽利略本人。1633 年 2 月，教廷以宣扬异端邪说的罪名，将伽利略押往罗马受审。年近 70 岁，身体又有病的伽利略，被宗教法庭前后审讯长达 3 个月的时间。6 月 22 日，伽利略在身体极度虚弱、精神疲乏的状态下，听取了枢机主教团对他的宣判：

1.《关于两种世界体系的对话》一书今后禁止销售和传播。

2. 在三年时间内,必须每星期把七篇忏悔圣诗背诵一遍。

3. 将无限期地把他监禁在自己家里,直到主教团满意为止。

在这场力量悬殊的斗争面前,伽利略表面上服从了教廷对他的判决,但是他心里明白,乱施淫威的宗教法庭可以任意宣判一个人,可以限制一个人言论和行动的自由,但是科学真理的传播是无论如何也阻止不了的。

回到家中过着软禁生活的伽利略,不断听到从各地传来的好消息。他的《关于两种世界体系的对话》一书,在远离罗马的法国被译成拉丁语出版了,英国也准备将它译成英文出版。这些消息使伽利略受到很大的鼓舞,他想寻找一些工作来充实自己的生活。他想起了在箱子里沉睡了多年的一大批科学笔记,这些都是他年轻时从事实验的第一手材料。将这些宝贵的资料整理出来,然后用它写成一本书,这是一项多么使人愉快的事情啊!

伽利略倾注着他全部的热情来做这件工作,他把这本书取名为《两种新科学的对话》。这本书汇总了伽利略以前做过的实验结果和力学原理研究记录,阐述了力学的基本概念和规律,为后来的牛顿运动定律奠定了坚实的基础。这是一部精心写就的杰作,实际上是伽利略一生从事实验科学的总结。可惜的是,当1638年这本书在荷兰出版并被送到他家中的时候,伽利略已经双目失明,只能用手来抚摸它了。

1641年冬天,伽利略患了一场热病,78岁的他已经衰老得没有精力与病魔搏斗了。第二年1月8日,这位老人在那间被囚禁的小屋中告别了人间。

使人感到欣慰的是,在伽利略被枢机主教团宣判300多年后,1979年11月10日,罗马教皇在一次公开集会上正式承认,伽利略在1633年受到教廷的那次审判是不公正的。1980年10月,罗马教皇又在梵蒂冈举行的世界主教会议上提出要重新审理这件冤案。不久以后,一个由国际著名科学家(包括杨振宁、丁肇中等六名诺贝尔奖获得者)组成的委员会在罗马成立。组建这个委员会的目的,是要"研究科学同宗教信仰的关系,伽利略案件的科学方面以及伽利略学说对现代科学思想的贡献"。

伽利略的一生是伟大的,他所开辟的实验科学的道路改变了人们的思想方法,引导人们进入近代科学,他在科学史上将永远是一位不朽的人物。正像法国的一位科学家说的那样:"在科学领域里,我们都是伽利略的学生。"

三、经典力学的新时期

科学的幸运儿

当年伽利略用自制的望远镜对准天空探索其秘密时,当时的德国也有一位孜孜不倦的学者正在进行着天体力学的研究,这位学者就是以发现天体运动三大定律而闻名于世的德国科学家开普勒。

开普勒 1571 年出生于德国南部的维尔城,他父亲靠开一家小客栈勉强维持全家的生计。开普勒身体瘦弱,身材矮小,但从小智力却有过人之处。他知道家里拿不出钱来供给学费,因此发愤读书,一直靠奖学金求学。1587 年,开普勒进入德国杜宾根大学学习。这座大学本来是培养新教教徒的神学院①,可开普勒却在这里开始走上了为科学而献身的道路。

杜宾根大学的米海尔·麦斯特林教授是哥白尼学说的热情拥护者,他在公开的授课中按照教会的要求,讲授托勒密的地心学说,在暗地里却对开普勒等几位得意门生宣传哥白尼的日心体系。不管当时的教会怎样利用神权来压制人们的科学思想,在学术界、在大学里,谈论哥白尼日心学说的还是大有人在。支持托勒密观点和支持哥白尼观点的双方在公开的场合,更多的是在私下场合进行着斗争。年轻的开普勒心里默默想道:我们生活在地球上,每天都要经历日出月落、星移斗转的自然变化,却还没有彻

①新教:基督教的一个分支。

底认清太阳及其他行星运动的真实规律,这不说是可笑的,起码也是令人遗憾的。他为了避免盲从轻信,对托勒密体系和哥白尼体系都进行了深入研究,发现了托勒密体系的许多漏洞,一些观点往往不能自圆其说。经过几年的大学生活,从神学院毕业的开普勒没有成为宗教的信徒,却成了哥白尼学说的坚定拥护者。

1596年,开普勒总结了他对天体运动初步研究的成果,写了《神秘的宇宙》一书。在这本书中,他设计了一个有趣的、由许多有规则的几何形体构成的宇宙模型,试图用这个模型来解释当时所观测到的各个行星轨道之间的关系。1599年,著名天文学家、当时布拉格天文台的台长第谷读到了这本书,虽然书中设计的宇宙模型有不少缺陷和幼稚的地方,但他十分欣赏作者在书中表现出来的智慧和才能,立即写信给开普勒,邀请他做自己的助手,并寄去了路费。开普勒欣然接受了第谷的请求,1600年携眷来到布拉格,这成了他一生中十分重要的转折。

第谷是一位具有伯乐精神的令人尊敬的人物。他出生于丹麦一个贵族家庭,1570年前后,在家庭的资助下,他在丹麦的奥古斯堡建了一座小规模的天文台,开始了天文观测事业。1576年,第谷被丹麦国王腓特烈二世聘为皇家天文学家。国王十分赏识第谷的才能,拨出相当于一吨多黄金价值的巨款,在弗恩岛上替他修建了一座设备齐全的天文台。

第谷在弗恩岛天文台进行了20多年的天文观测,记录了详细的观测资料。1597年,腓特烈二世去世,新国王不愿再为第谷支付天文台的日常开支。正当第谷处于困境之时,波希米亚皇帝鲁道夫二世表示愿意帮助他。于是,第谷在1599年移居布拉格,另建新的天文台。第二年,他邀请年轻的开普勒做自己的助手,两人共同研究天文学上的难题。

第谷和开普勒,一位是出色的观测家,另一位是卓越的理论家,他们在一起合作,使各自的才能相得益彰。具有讽刺意味的是,这两位学者,一个始终是哥白尼体系的反对者,另一个则是该体系的衷心拥护者。他们的合作,戏剧般地成为科学史上合作的光辉典范。

和第谷相处的日子，是开普勒一生中最愉快的时期，他不再为生活发愁，专心致志地过着宁静的研究生活。不幸的是，这种日子仅仅只过了一年多就因第谷的去世而告终。按照第谷生前的嘱咐，开普勒接手了第谷毕生进行天文观测所获得的详细记录。开普勒是科学的幸运儿，因为对于他来说，没有什么比这些详细的观测记录更宝贵的了。

面对着第谷耗尽毕生心血所获得的大量观测资料和手稿，开普勒进行了仔细地整理、分析和研究。没想到第谷的这些观测资料到了开普勒手中，竟发挥出意想不到的惊人作用。开普勒在分析这些资料时发现，不论是哥白尼体系、托勒密体系，还是第谷体系，没有一个能与这些精确的观测资料相符合。开普勒相信，第谷几十年精心观测的资料是可靠的，那么，这就说明三个体系分别描述的行星运动都存在着错误和偏差。

在当时的年代，人们只知道除太阳以外，天空中存在着水星、金星、地球、火星、木星和土星六大行星，开普勒决心找出这些行星运动的真实"轨道"。

巧用"三角测量法"

开普勒要说明两个全新的问题：①怎样从大量可靠的观测资料中确定行星运动轨道的精确形状？②天空中的行星运动遵循什么规律？

要解决以上两个问题并不是一件轻而易举的事。当时人们对地球本身是以什么规律和轨迹围绕太阳运动的还不甚了解，许多人一直错误地认为地球围绕太阳运动的轨道是一个正圆，更何况要研究比地球运动更复杂的其他行星运动的规律。

为了能在这些杂乱无章的现象中理出一个完整清楚的头绪，开普勒敏锐地领悟到："要研究天，最好先懂得地。"他把着眼点放在地球上，力图先摸清地球本身的运动，然后再研究其他几大行星的规律。

开普勒做的第一件工作就是要测定地球的真实轨道。为了测定这一轨道，必须确定地球同太阳之间的距离在一年中是怎样变化的，只有弄清了这种变化，才能确定地球轨道的真实形状及运行的方式。但是，太阳高悬于空中,和地球相隔那么遥远,要测出一个无法接近和到达的目标到地球间的距离,在技术条件十分落后的那个时代,无疑是一个困难、复杂的问题。

但是,这个困难复杂的问题却被开普勒非常巧妙地用一个简单的方法解决了。开普勒所用的方法就是普通的三角测量法。

什么是三角测量法呢? 举例来说,在大地测量中,我们常常要测定一些由于某种自然障碍而无法直接到达的目标的距离。如图所示,假定需要测量点A到对岸一点C之间的距离,因A、C两地被河水阻隔,无法直接测量。解决这个问题的方法是:在点A的同岸另选一点B, AB的距离可以直接测

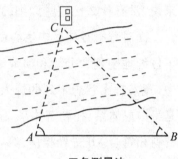

三角测量法

得。这段经过选定的、已知其长度的线段AB,用测量学的术语来说叫作"基线"。基线确定后,在A、B两点分别向点C引两条连线,可得到A、B两角的大小。于是,在三角形ABC中,已知两角大小和它们所夹的边(基线)长,三角形其他的角和边就可以计算出来。这种方法就是三角测量法。

三角测量法在大地测量中经常被运用,而在天体测量中它更具有独到的作用。但是,在天空中运用这个方法远远没有在地面上来得这么简单,因为在天空中各个星体都随时按着自己的规律运动,确定一条"基线"是非常困难的。开普勒首先遇到的就是这个问题。

开普勒要测定地球和太阳的相对距离,这里太阳好比上图中的点A,地球就是河对岸的点C,为了确定基线,还需要另找一个定点B。可是,在行星系统里,除了太阳是唯一"静止"的中心天体外,再也找不出第二个这样的"定点"。这第二个"定点"需由开普勒另行觅取。

在整理第谷的观测资料时开普勒注意到,火星的观测资料是所有行星中最齐全详尽的,通过这些资料,人们不仅对火星的运动知道得非常清楚,而且精密地测定了它绕太阳运动的周期。能不能利用火星作为这个"定点"呢?

我们知道，火星和地球一样，也是围绕太阳在一个闭合的轨道上运行，那么总会有这么一个时刻，太阳、地球和火星恰好处在同一直线上，而且每隔一个"火星年"之后，它又会回到天空的同一位置上来。因此，火星虽然是动的，但在某些特定时刻它又是固定在同一位置上，我们可以把这一特定的位置看作为点 B，那么，点 B 到太阳点 A 的连线就是我们要找的"基线"。

当地球运行到连线外的任一位置时，太阳、地球和火星就形成了一个三角形 ABC，用同样的方法可测出这一位置的 $\angle A$ 和 $\angle B$。我们可以在一年中经常这样做，每次都会在纸上得到地球相对于基线 AB 的不同位置，并且给它们注上日期，然后把这些点连成曲线，就是一个圆形的地球轨道。开普勒就这样以令人赞叹的巧妙手法，把地球轨道的形状和太阳、地球的相对距离测了出来。

天空中的法律

地球运行轨道的测量问题借助三角测量法基本上得到了解决，下一步就是要深入探讨行星运行遵循什么样的规律。

为了探索这个规律，仅仅掌握地球的轨道还不够，必须要掌握其他一些行星的运行轨道。因此，开普勒把目光从地球移到火星上。他参考了地球的"真实"轨道，按照传统的偏心圆来探求火星的轨道。在一年半的时间里，他观测了多达 70 次，每次都要进行大量的计算，才能找到一个比较符合第谷观测数据的方案。但是，细心的开普勒发现，由此算出的火星位置和第谷数据之间相差约 8 分，即 0.133 度。这个角度很小，只相当于表上的秒针在 0.02 秒的瞬间转过的角度。这样微小的差异，会不会是第谷弄错了呢？也许是漫长的夜晚使眼睛看花了，以致观测失误了？或者是火星的轨道根本就不是原来设想的正圆呢？开普勒十分了解第谷严谨的科学态度和认真的观测精神，认为这 8 分的差异绝不会是观测的失误，他说道："上天给我们一位像第谷这样精通的观测者，应该感谢神灵的这个恩赐。一经认识这是我们使用的假说上的错误,便应竭尽全力去发现天体运动的真正规律。这8分是不容忽略的,它使我走上改革整个天文学的道路。"

开普勒大胆否定了火星做匀速圆周运动的这一设想,尝试着用其他曲线来研究火星运动的真实轨道。他凭着良好的科学素养,提出了一种新观点,认为行星运动的焦点应在太阳的中心。从这点出发,火星运动的线速度是变化的,而这种变化应与太阳的距离有关。当火星在轨道上接近太阳时,速度最快;远离太阳时,速度最慢。而这种运动的结果形成的火星轨道可能是一个椭圆,而不是以前设想的正圆。

开普勒在认为行星轨道形状可能是一个椭圆的方向上进行了大胆的探索,终于取得成功。1609年,他总结有关这方面的研究成果,写了《新天文学》一书和《论火星的运动》一文,提出了行星运动的两个定律,即椭圆定律和等面积定律。现在我们把这两个定律分别称为开普勒第一定律和第二定律。

椭圆定律的内容是:所有的行星分别在大小不同的椭圆轨道上围绕太阳运动,太阳在这些椭圆的一个焦点上。

等面积定律的内容是:太阳和运动着的行星的连线在相等的时间内扫过相等的面积,如图所示。

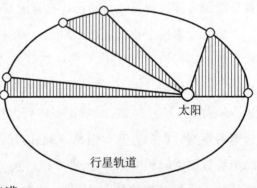

开普勒的等面积定律

以上两条定律的得出无疑是一个重要的发现,它使得计算行星轨道和它们的位置的工作大大简化。但开普勒没有满足于现有的成绩,他知道自己还远远没有揭开行星运动的全部奥秘,除了椭圆定律和等面积定律,可能还有能揭示各行星运动的统一规律等待人们去发现。

开普勒从前人的有关资料中得知,行星运行的快慢同它们的轨道位置有关,离太阳较远的行星有较长的运行周期。即使在同一轨道上,行星速度也因离太阳远近不同而变化。那么,行星运动的周期与它们各自的轨道大小之间是否存在一定的数量关系呢?

寻找两者之间的数量关系,无异于在茫茫大海里捞针,因为开普勒面对着的只是第谷留下的毫无规律可循的大量观测数据。经过多次摸索,开普勒以地球绕太阳运动的周期为一个单位时间(T),以地球到太阳的距离为一个天文长度单位(R),然后列出了下表:

行星名称	公转周期(T)	太阳距离(R)
水星	0.241	0.387
金星	0.615	0.723
地球	1.000	1.000
火星	1.881	1.524
木星	11.862	5.203
土星	29.457	9.539

对以上这些乍看起来各自独立,毫无联系可言的数字,开普勒翻来覆去做了各种运算:把它们互相加、减、乘、除;又把它们自乘;时而又求它们的方根,等等。这样经过十年时间的潜心研究,终于找到了一个奇妙的规律。他在原来列出的表中增添了两列数字:

行星名称	公转周期 (T)	太阳距离 (R)	周期平方 (T^2)	距离立方 (R^3)
水星	0.241	0.387	0.058	0.058
金星	0.615	0.723	0.378	0.378
地球	1.000	1.000	1.000	1.000
火星	1.881	1.524	3.54	3.54
木星	11.862	5.208	140.7	140.85
土星	29.457	9.539	867.7	867.98

分析上表我们得知,水星、金星、地球、火星的公转周期的平方和离太阳距离的立方完全相等,后面木星和土星的也基本相等。实际上这反映着

一个十分重要的定律。这个定律的内容是:行星公转周期的平方与它同太阳距离的立方成正比。即 $T^2 = R^3$。

这就是开普勒第三定律,也被称为周期定律。这个定律适用的范围非常广泛,不仅行星遵循着它,行星的卫星以及太阳周围的其他天体均无例外。它反映出太阳系是一个十分有规律的天体系统,同时也暗示着太阳系中的几大行星的运动起因的奥秘所在。

开普勒三大定律的确立,使人们找到了最简单的世界体系。原来庞大、繁杂的系统,现在只用六个椭圆轨道就解决了。根据这三个定律,我们可以准确地算出任何时刻行星的位置,因此,开普勒的三大定律被人们视为"天空中的法律"。

开普勒自幼就被损坏了视力,没能成为一位天文观测家,他是凭着惊人的毅力和智慧,凭借别人的眼睛完成一系列伟大科学发现的。可是,这样一位为科学发展开拓道路的勇士,除了和第谷相处的一年多时间外,一生都是在非常艰难的逆境中度过的。正如一位科学史家所描述的:"第谷的后面有国王,伽利略的后面有公爵,牛顿的后面有政府,但是,开普勒只有疾病和贫困。"他虽然被封为宫廷科学家,却长期得不到应有的俸禄,这使他连基本生活都难以维持。1630 年秋天,年近花甲的开普勒为了向宫廷索取 20 余年的欠薪,长途跋涉去拉提明,最后染病死在途中。

科学界的泰斗——牛顿

1642 年,在物理学史上是个具有纪念意义的年份。这一年,实验物理学的奠基人伽利略去世了,而就在这年的圣诞节(12 月 25 日),英国林肯郡伍尔索浦村一个农户家里有一个婴儿呱呱坠地,他就是后来成为科学巨人的物理学家——牛顿。有人曾风趣地说道:"牛顿是圣诞老人送给科学界最丰盛的圣诞礼物。"

牛顿出生前三个月,他的父亲已离开了人世,当他长到三岁时,母亲又改嫁去了邻村,他只好跟随外祖母和舅舅一块儿生活。

幼年的牛顿性格内向,好沉思默想,并没有显出过人的天资。恰恰相反,他的学习成绩不好,常常是班上的倒数几名。但在功课之外,牛顿很喜爱自己动手制作一些玩具,如风筝、水车、时钟之类的东西,并常常因此而感到自豪。他制作的风筝比集镇上卖的飞得还高;他制作的一架精巧的风车,里面还别出心裁地放进一只老鼠,风车转动的时候,老鼠就在里面不停地跳,名曰"老鼠开磨坊"。后来,他还设计了极其巧妙的日圭仪,给村里人指示时间。

牛顿虽然做过不少精巧的玩具和器械,却讲不出其中的道理,常受到一些同学的刁难和嘲笑。一次,他花了整整一个星期时间,埋头苦干做好了一架水车模型,拿到学校附近的小河边试验时,因讲解不出水车转动的基本原理,同学们竟奚落他只不过是个"笨木匠"。这件事对牛顿的触动很大,他从此发愤读书,到中学时,成绩在班里已名列前茅。

随着年龄的增长,牛顿越来越沉湎于读书和实验。15岁那年,他的继父也去世了,母亲只好带着三个同母异父的弟弟回到伍尔索浦村。牛顿这时也离开外祖母回到母亲身边。为了生活,他被迫停了学,为家里干一些轻微的农活。虽然他很想为母亲分担一些家务,但由于学习入迷,常常闹出一些乱子来。放羊的时候,他躲在灌木丛中看书,连羊吃了邻居的庄稼也不知道;一次牵马往镇上驮东西,他一边走一边想着学习的事情,拴马的铁嚼子掉了也不知道,当他后来意识到自己手中握的只是一根空缰绳时,马早已不知去向,幸好那匹马自己跑回家来了。

牛顿的舅舅看他实在好学,就说服了他妈妈,让牛顿继续进学校求学。1661年5月,牛顿由于成绩优秀,以"减费生"的资格进入著名的剑桥大学三一学院学习。1663年,三一学院创办了"卢卡斯自然科学讲座",内容包括地理、物理、天文和数学,主持这个讲座的是著名的巴洛教授。由于这个讲座从内容到形式一改过去那种枯燥无味的经院式教学方法,牛顿对这里的课程产生了浓厚的兴趣。对科学知识的如饥似渴,常常使他废寝忘食,直到这里,牛顿才算真正迈进了科学的大门。

巴洛教授不愧是一位多才多识的"伯乐",他看出牛顿才华非凡又勤奋好学,就请牛顿当自己的助手,并指导他攻读了许多重要的科学著作。1665年,牛顿从剑桥大学毕业,留校任教。这年秋天,英国流行瘟疫,光伦敦城就死了七万多人,为了防止瘟疫蔓延,市长宣布关闭全市所有的学校。牛顿只好暂时离开剑桥,回到故乡伍尔索浦。

牛顿在故乡住了近两年时间,宁静的乡村给他创造了一个十分理想的环境,可以冷静地思考问题和专心从事科学研究。这段时间是牛顿一生中最重要、最出成果的时期,著名的光的色散实验、万有引力问题的研究以及数学上的二项式定理、微积分等,都是在这段时间内完成的。

1667年,可怕的瘟疫过去了,牛顿重返剑桥大学。两年后,巴洛教授主动让贤,推荐牛顿担任了"卢卡斯自然科学讲座"的教授,以后他担任这个职务达30年。1679年,牛顿当选为皇家学会会员,成为英国极有名望的学者之一。1703年,牛顿晋升为皇家学会会长,他担任这个英国科学圣地最高职务一直到1727年去世为止。

纵观牛顿85年漫长的一生,大致可以分为两个阶段,即前50年和后35年。他在科学上的重要贡献绝大多数是在59岁以前做出的。在他45岁时,还写了《自然哲学的数学原理》这部著名的作品,对自然科学的发展做了精辟的分析和总结。但是,当1696年他被任命为造币厂的厂长之后,迁居伦敦,结束了剑桥的生活,也终止了他对科学的创造性贡献。这时,他不再沿着唯物主义的道路往前走了,而是花费许多精力去探求宇宙中的物体最初为什么会运动起来。他冥思苦想找不出答案,于是就解释说,宇宙中的各种物体之所以会不停地运动,那是因为万能的上帝最初推了一下的缘故。这样,他就从一个朴素的唯物主义者坠入了唯心主义的泥坑,背离了科学轨道。后来,他又对炼金术产生了浓厚的兴趣,白白浪费了许多大好时光。

但是尽管这样,牛顿仍不愧为17世纪最伟大的科学巨匠,他一生对科学所做出的贡献是难以估量的。在临终之前,他却谦虚地说:"我不知道世

牛 顿

第一篇 古老的力学

上的人对我怎样评价。但是在我自己看来，我不过像是在海边玩耍的小孩，为不时拣到一块比较光滑的卵石、一只比较漂亮的贝壳而喜悦，而真理的大海在我面前，一点也没有被发现。"这些质朴感人的话成为科学界的至理名言，使他那伟大谦虚的形象一直闪耀在人们心中。

苹果树下的启示

相传，在距今300多年前一个深秋的傍晚，年轻的牛顿像往常一样在他家的果园里坐着沉思。忽然，一个熟透的苹果从树上掉下来，正好落在他面前。这个常见的自然现象触发了牛顿的灵感，他不禁思索着：把万物吸引向地面的这种神奇力量究竟是一种什么力？当时，一轮明月高悬天际，他天真地自问道：为什么月亮不落下来呢？经过一番苦思冥想，牛顿终于发现了万有引力定律。

这个故事听起来确实美妙而富有诗意，而且，至今在英国剑桥大学三一学院的博物馆里，还保存着传说中的那棵苹果树的一段树干，以作为对牛顿的纪念。但是，无论是牛顿本人，还是在他的著作中，都没有提起过这件事。这个故事的真伪还有待史学家们进一步考证。事实上，万有引力定律的发现是牛顿在前人成就的基础上多年研究实践的结果。

自从开普勒发现行星运动的三大定律之后，自然就产生了一个十分引人注目的问题：是什么力量驱使行星不知疲倦地绕着太阳做椭圆运动呢？平时，要一块石头在空中沿着一个圆周转动，必须用一根绳子拉着它，何况是如此巨大的行星围绕太阳不停地飞转，就更需要用力拉着了。可是，谁又见过天空中这根巨大的"绳子"呢？

在牛顿之前，不少学者对这个问题都曾进行过研究。也许有某种看不见的引力作用于行星吧？以研究磁铁著称的英国医生吉尔伯特（1540—1603）就曾设想这种力是一种磁力。1666年，另一位学者波勒利认为这是一种"向心力"作用的结果。开普勒领悟到行星世界是由某种统一的力量联系起来的整体，他认为支配行星运动的这个统一的力量来自太阳的某种引力,而且这种引力是互相作用的,他还预言这种力的作用随距离的增加而减少。他在《论火星的运动》一文中叙述了对引力作用的一些看法。他说:"月球被地球吸引着,相反的,月球也吸引着地球上的海水。从太阳那里,有一只肉眼看不见的巨大的手伸向行星,拉着这些行星跟太阳一起旋转……"

由以上可看出,前人在引力方面已经做了许多工作。但是,这些都还停留在设想阶段,怎样将其用科学的事实证明并总结为一个普遍的自然规律?牛顿的贡献正是完成了这些工作,从而使人们认识了引力的本质。

在牛顿的笔记本上,画有一幅草图,如图所示,说明了他对引力问题思索的某些过程。

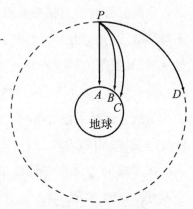

"在地面的上空取一点 P,从点 P 把一块石头垂直放下,石头就会落到点 P 正下方的点 A 上。这是地球引力——重力作用的缘故。"

"那么,如果将石头从点 P 向水平方向抛出去,结果会怎样呢?那石头就会沿一抛物线落地(如图 PB、PC)。这是因为石头向水平方向飞出的同时,又受到地球吸引力的结果。"

牛顿思索引力的草图

如果抛出去的石头速度达到某一固定值,它就会永远离开地面,围绕地球做圆周运动(如图 PD)。月亮围绕地球的运动就是这样。

现在需要证明的是:地球对月亮有吸引力的作用,这个吸引力就是使月亮绕地球运转时所需要的向心力。"如果没有这样一种力的作用,月球就不能保持在它的轨道上运动;如果这种力太小,就不足以使月球偏离它的直线运动;如果这种力太大,就会使月球从轨道拉下而落向地球。"如果论证了地球对月球的吸引力确实就是月球绕地球运行所需的向心力,那么各种星球间都存在相互吸引力的问题就可以成立了。

为了验证这对力大小是否相当，牛顿根据当时已知的有关数据进行了大量的运算。当时已知：地面上质量是 1 克的物体受到地球的吸引力为 980 达因[①]，月亮中心到地球中心的距离是地球半径的 60 倍，这样算出月亮上的 1 克物质受到 0.27 达因的地球吸引力；另一方面，他按月球绕地球转一周用时 27 日 7 小时 43 分 11 秒，以及月地之间相距 332040 千米（当时认为地球的半径是 5534 千米），算出月亮上 1 克物质绕地球运行时所需向心力仅为 0.23 达因。这和前面的 0.27 达因相差甚远。

按照这个结果，月亮围绕地球运转并不是（或不仅是）地球引力决定的。也就是说，行星围绕太阳运转并不一定是靠太阳对它的吸引力来维持的。这就给万有引力的最初设想打上了一个大问号。牛顿左思右想仍然不得其解，万有引力问题太难了，他失望地放下笔，将有关笔记和草稿放进抽屉里，又把精力转向研究其他的问题。

没有想到，关于万有引力的研究一放就是十几年时间，一个偶然的机会使牛顿又获得了新的希望。1672 年，法国科学家皮卡尔通过仔细地对地球进行测量，得知地球上 1 个纬度之间相隔的距离是 112 千米，而并非前人所认为的 96 千米。牛顿得知这个消息后，立刻联想到自己十几年前关于万有引力的一场计算。

按照皮卡尔的测量结果推算，地球的半径应比原来一致采用的 5534 千米大，那么月亮绕地球运行所需的向心力也应比原先计算的数值大。他很快按刚刚获得的数据重新进行了计算，得到了令人十分满意的结果：月亮上 1 克物质所受地球的吸引力和这 1 克物质围绕地球运行所需的向心力都是 0.27 达因。

接着，牛顿又用同样的方法计算了太阳对地球和其他行星的吸引力，都证明了万有引力的存在。

经过长时间的艰苦努力，在前人研究的基础上，牛顿最后终于总结出

---

①一种力的单位。1 牛顿 $=10^5$ 达因。

万有引力定律。

自然界的万物,大到天体,小到蚂蚁,彼此之间都存在相互作用的吸引力。

吸引力的大小为:

$$F = G\frac{m_1 m_2}{r^2}$$

式中,m_1、m_2分别表示互相吸引的两物体的质量,r表示它们之间的距离,F表示这两个物体间引力的大小,$G = 6.67 \times 10^{-11}$牛·米^2/千克^2,称为万有引力常数。

万有引力定律的发现,说明了"引力是物体固有的属性"(牛顿语),成功地解决了科学上的许多重大难题。例如,牛顿用引力理论解释了地球上潮汐现象的成因,证明它是由于月球和太阳引力效应所产生的差异结果,高潮总是在新月和满月时发生。

万有引力定律的问世是一项极其重大的科学发现。直到今天,人造地球卫星、宇宙火箭、飞船等运行轨道的计算,依然是以它为根据的。

"称"出地球的质量

牛顿总结出万有引力定律后,他和当时的许多科学家都发现,利用万有引力的公式,可以求出地球的质量来。

在这以前,有的科学家就提出过一种计算地球质量的办法。他们认为,地球的体积已经得知,是1.08×10^{21}立方米,再求出构成地球物质的密度,利用公式:质量=密度×体积,就可以算出地球的质量,从而可以知道地球的质量。

这个想法看上去是很容易的,可是实际上却行不通。因为科学家们发现,构成地球的各部分物质的密度不同,在整个地球中所占的比例也不一样,因此根本无法准确知道整个地球的平均密度是多少。所以,当时曾有一些科学家断言,人类永远也无法知道地球的质量。

牛顿发现万有引力定律后,这项探求地球质量的工作重新获得了一线希望。首先,牛顿分析了以下几个数值:一个是地球对一个已知质量的物体的吸引力,它实际上就是物体受到的重力,这很容易测得;一个是地球和物体之间的距离,这可以用地球的半径近似代替;另一个关键的数值是万有引力常数 G,这个数值虽然当时还不知道,但是可以从在地面上直接测量两个已知质量物体之间的引力而求出来。

为了直接测出两个物体之间的引力,牛顿精心设计了好几个实验,但是一般物体之间的引力非常微小,以至实验根本测量不出来。后来牛顿不得不失望地表示:想利用测量引力来计算地球质量的努力,将是永远得不到结果的。

牛顿在 1727 年去世以后,有一些科学家仍然继续研究着这个问题。1750 年,法国科学家布格尔千里迢迢来到了南美洲的厄瓜多尔,他爬上了陡峭的琴玻拉错山顶,沿着悬崖垂下一根长线,线的下端拴着一个铅球。他想先测量出垂线下的铅球受到山的引力而偏离的距离,再根据山的密度和体积算出山的质量,进而求出万有引力常数 G 来。可是,由于引力实在太小了,铅垂线偏离的距离几乎测量不出来,即使测出来也很不精确,布格尔的实验仍然没有成功。

在前人一次又一次失败的基础上,世界上第一次成功地"称"出地球质量的人是英国物理学家卡文迪许。

卡文迪许在科学界颇有点"怪人"的名气。他是英国几代大官僚的后裔,家庭非常富有,可是他穿着陈旧,不修边幅,几乎没有一件衣服是不掉扣子的。他在自己家里建立了实验室和图书馆,虽然他穿着没有条理,图书馆却整理得井井有条,大量的图书都分门别类地编上号,无论是谁借阅,甚至是自己阅读,都要毫无例外地履行登记手续。

卡文迪许还在大学读书的时候,就对"称"出地球的质量这个问题产生了兴趣。他仔细分析了前人失败的原因,认为主要是实验方法不科学,要想在这个问题上取得突破,必须采取新的实验方法。

1750 年，剑桥大学有位名叫约翰·米歇尔的教授，他在研究磁力的时候，使用了一种巧妙的方法，可以观察到很弱小的力的变化。卡文迪许得到这个消息后，立即上门请教。

米歇尔教授向年轻的卡文迪许介绍了实验的方法。他用一根石英丝把一块条形磁铁横吊起来，然后用另一块磁铁去吸引它，这时候石英丝就发生了扭转，磁引力的大小就清楚地看出来了。卡文迪许从这里受到了很大启发，他想，能不能用这个方法测出两个物体间的微弱引力呢？

从米歇尔那里回来后不久，卡文迪许仿制了一套装置：在一根细长杆的两端各安上一个小铅球，做成一个像哑铃似的东西；再用一根石英丝把这个"哑铃"从中间横吊起来。他想，如果用两个大一些的铅球分别移近两个小铅球，根据万有引力定律，"哑铃"一定会在引力的作用下发生摆动，石英丝也会随着扭动。这时候，只要测出石英丝扭转的程度，就可以进一步求出引力了。

这个推论在理论上是成立的，可是卡文迪许实验了许多次，都没有成功。原因在哪里呢？还是由于引力太微弱了。比如两个一千克重的铅球，当它们相距十厘米时，相互之间的引力只有百万分之一牛顿，即使是空气中的尘埃，也能干扰测量的准确度。因此，在当时的条件下，完全靠肉眼来观察确定石英丝的微小变化，实验难免会失败。

在一个很长的时期里，卡文迪许都在苦思冥想着一种能把石英丝的微小扭转加以放大的方法，但一直都没有结果。

时间就这么不知不觉地过去了几十年。直到 1798 年的一天，卡文迪许到皇家学会去参加一个会议，走在半路上，他看到几个小孩子，正在做一种有趣的游戏：他们每人手里拿着一面小镜子，用来反射太阳光，互相照着玩。小镜子只要稍一转动，远处光点的位置就有很大的变化。

看到这里，忽然一个念头闪过他的脑海，他联想起了石英丝扭转放大的问题。借助小镜子不是正好可以使其得到解决吗？他抑制不住自己激动的心情，掉头跑回实验室，重新改进了实验装置。他把一面小镜子固定在石英丝上,用一束光线去照射它,光线被小镜子反射以后,射在一根刻度尺上。这样,只要石英丝有一点极小的扭动,反射光就会在刻度尺上明显地表示出来。卡文迪许把这套装置叫作"扭秤"。

扭秤有很高的灵敏度,利用这套装置,卡文迪许终于成功地测得万有引力常数 G 是 $(6.754 \pm 0.041) \times 10^{-8}$ 达因·厘米 ^{2}/克 ^{2},这个值同现代值 $(6.6732 \pm 0.0031) \times 10^{-8}$ 达因·厘米 ^{2}/克 ^{2} 相差无几。根据引力常数,卡文迪许进一步算出了地球的重量是 5.98×10^{24} 千克,这是一个大得令人吃惊的数字,约为 60 万亿亿吨。

卡文迪许从十几岁读大学时开始提出这个问题,直到后来用实验方法"称"出了地球的重量,时间过去了整整 50 年。今天我们读着这个科学故事的时候,不仅要学习卡文迪许科学的实验方法,更要学习他对科学事业锲而不舍、勇于献身的精神。

1874 年,在英国剑桥大学建起了一座式样新颖、设备完善的大型物理实验室,人们为了纪念卡文迪许,将其命名为"卡文迪许"实验室。一个多世纪以来,"卡文迪许"实验室为全世界培养了好几代出色的科学家,先后有 25 位科学家获得诺贝尔奖。卡文迪许激励着一代又一代科学家们为探索大自然的奥秘,为神圣的科学事业而献身。

神机妙算的引力定律

在 18 世纪 80 年代以前,人们认为太阳系只有六大行星,这就是水星、金星、地球、火星、木星和土星。以为土星的外侧再也没有其他行星了。

1781 年 3 月,著名的英国天文学家威廉·赫歇耳(1738—1822),制成了一架直径 16 厘米、焦距 2 米的大型望远镜。他用这架望远镜发现了一颗在土星以外移动得非常快的星体。开始他以为这是一颗彗星。大多数彗星都应有彗星尾,或者周围有雾状云,而赫歇耳记录的这颗星"既不见尾,又没有雾状云,恐怕不是一颗普通的彗星"。

后来经过许多科学家的仔细观测,才确定这并不是彗星,而是一颗新的行星。赫歇耳以当时英国国王乔治三世的名字给这颗行星取名为乔治星,这就是我们今天所说的天王星。从此,太阳系又增添了一颗行星。

其实,早在赫歇耳之前,英国格林尼治天文台的弗拉姆斯奇特曾在1690—1771年对天王星进行过20多次观测。由于距离太远,缺乏精密的观测仪器,他错误地认为天王星是一颗恒星,而将其列入了恒星表中。

发现天王星后,人们给它编制了运行表,并且对它不断地进行观测、校正。奇怪的事情发生了,从1821年起,人们发觉天王星运行的实际位置与运行表不符。也就是说,它的位置总是与根据万有引力定律计算出来的结果不符。这到底是怎么回事呢?

经过分析,人们提出了两种可能性:或是编制的运行表有错误,需要修改;或是根据万有引力定律,在天王星轨道的外侧,有一颗尚未被发现的行星,对它产生引力作用,使天王星偏离了原计算轨道。经过核算,运行表本身的编制没有错误。于是,许多人倾向于后一种推测。

但是,要找到这颗未知的新行星谈何容易。茫茫星海,如用望远镜毫无目标地去搜寻这颗比天王星更遥远、更暗淡的星体,希望渺茫。唯一的办法还是要根据有关理论,靠笔尖上的计算去发现这颗新星。

当时有两个人勇敢地挑起了这项重任,他们各自独立地运用万有引力定律进行了大量复杂的运算,分别预见了这颗还没被观测到的新的行星。他们中的一位是英国的年轻人亚当斯,另一位是法国的勒维烈。

英国剑桥大学的学生亚当斯,1841年读到了格林尼治天文台台长艾利著的《最近天文学》一书,得知天王星轨道之"谜"以后,收集了许多有关资料。他从1843—1845年,花了两年时间,利用万有引力定律和对天王星的大量观测资料,反过来推算这颗未知行星的轨道,最后终于得到了计算结果。亚当斯托剑桥大学的老师将这个计算结果转送给格林尼治天文台台长艾利,希望他利用天文台的大型望远镜找到这颗行星。

但是,保守思想严重的艾利,根本不相信这位"小人物"的研究结果具有什么价值,因此,亚当斯的宝贵资料就被冷落在艾利的办公桌里了。

　　与此同时，另一位"小人物"，法国巴黎一个化学实验室的实验员勒维烈，利用业余时间也在进行这方面的研究。1846年，勒维烈将自己的计算结果，写了一份报告给法国科学院，题目为《论使天王星运行失常的行星，它的质量、轨道和现在的位置的决定》。当时，因为法国还没有详细的星图，他又写信给拥有详细星图的柏林天文台的观测家卡勒，说明了这颗新星应在的位置。信中说："请你把你们的望远镜指向黄经326°处的宝瓶座里的黄道的一点上，你就将在离这点大约1°的区域里，发现一个圆面明显的新行星，它的光度大约等于九等星。"

　　卡勒于7月23日收到信后，当天晚上就把望远镜对准了勒维烈预告新行星的位置上，果然发现了一颗星图上没有的新星。第二天他继续进行观察，证明了这颗新星是一颗行星。卡勒立即兴奋地给勒维烈回信道："先生，你给我们指出位置的行星是真实存在的！"

　　发现新行星的消息传到伦敦，格林尼治天文台的台长艾利回想起了亚当斯送来的计算结果，急忙从抽屉里找了出来。经过与勒维烈的结果核对，他惊奇地发现，亚当斯和勒维烈两人推测新行星的位置几乎完全相同。

　　巴黎天文台把这颗太阳系的第八颗行星命名为海王星。

　　以后，为争夺这个新行星的发现权问题，英国人和法国人你来我往地论战了好几年，最后世人公正地给予了评价：发现海王星的荣誉属法国的勒维烈和英国的亚当斯两人共同享有。

　　其实，发现海王星也应该给牛顿记上一功。如果没有牛顿的万有引力定律，天王星偏离轨道之"谜"在理论上就得不到解释；如果没有万有引力的公式，勒维烈和亚当斯就失去了计算的依据，很可能现在海王星还是一颗不为人知的"流浪星"。

　　20世纪初，美国科学家罗威尔（1855—1916）在观测天王星和海王星的运行中，发现还有没观测到的行星对这两颗星产生引力影响，经过一番计算后他预言，在海王星轨道之外可能还存在一颗新行星。1930年，美国人扬波果然在照相底片上发现了这颗新行星，这就是太阳系的第九颗行星——冥王星①。

冥王星的发现，同样靠的是万有引力定律。

回顾天王星、海王星和冥王星的发现过程，人们自然就提出了这样一个问题：太阳系是否存在第十颗行星？科学界目前围绕这个问题争论得很激烈。有的人断言冥王星外肯定还有第十颗行星，理由是：发现了冥王星以后，海王星、天王星的运行轨道同观测还是有一些差异；另一种意见则认为，目前太阳系的分布状态不允许有第十颗行星存在。对于这些问题，"我们只能在我们时代的条件下进行认识，而且这些条件达到什么程度，我们便认识到什么程度"（恩格斯语）。

1977年，帕诺玛天文台的科瓦尔宣称发现了一颗低速移动的新天体，光度为18等，在天王星内侧。但这到底是否为太阳系的第十颗行星，尚待今后进一步证实。

万有引力定律不仅促使人们发现了海王星和冥王星，而且影响了著名的哈雷彗星的发现。

1682年，在地球寂静的夜空中，突然出现了一种少见的大彗星，这颗大彗星形状奇特，好像一把倒挂的扫帚在天空中移动。当时由于科学不发达，人们往往把彗星称为"扫帚星"，当作不祥之物，每当扫帚星出现，人们就以为将有大祸临头。

年轻的哈雷并不相信这一套，他对这颗大彗星的来历产生了兴趣。这颗大彗星的运动是杂乱无章的，还是有一定规律的呢？如果有规律，它的运行轨道又是什么形状呢？

为了解决这些问题，哈雷特地去请教了牛顿教授。

牛顿明确地指出："如果说，有两颗彗星，经过一定的时间间隔以后出现，描述出相同的曲线，那么就可以下结论说，这先后两次出现的实质上是同一颗彗星。这时候我们就从公转周期本身决定轨道特性，并求出椭圆的

①2006年国际天文联合会将冥王星排除行星范围，划为矮行星。

轨道。"

哈雷相信牛顿的判断是正确的,认为天上星辰都是按照固定轨道运行的。他根据万有引力定律,仔细研究了从1337年以来300多年所有彗星的记载,并把它们编成了一张图表。从这张表上他发现,1682年出现的大彗星轨道,同1531年和1607年所测得的大彗星轨道极为相似。由此他提出一种大胆的设想:这三次出现的大彗星实际上是同一颗彗星,它每隔76年左右出现一次,沿着一个扁长的椭圆轨道绕日运行。

他这样写道:"相当多的事情使我想到,1531年阿比安所观察的彗星,跟1607年开普勒和朗格蒙丹所描述的是同一颗,也就是1682年我自己观察的那一颗。因而我坚决相信,这颗彗星在1758年还要回来的……"

1759年,比哈雷预计的日期稍晚几个月,这颗大彗星果然出现在地球上空。1835年和1910年,这颗大彗星又两次重访地球。

人们为了纪念和表彰哈雷的研究成果,就把这颗大彗星取名为"哈雷彗星"。

由于哈雷彗星每隔76年才回地球"探亲"一次,所以世界上有许多人一生中都很难有机会目睹其真容。有幸的是,1986年哈雷彗星重访了地球,我们读者中有的也亲眼欣赏了这颗彗星美丽的容貌。1985年9月,美国、日本等国家向太空中发射了"彗星探测器",中国和世界上许多国家也都对哈雷彗星进行了大规模的综合观测研究,取得了丰富而有价值的资料。

科学巨著的诞生

前面在介绍牛顿生平时我们已经谈到,牛顿在他45岁时,总结他前半生主要科学活动的成果,写了一部科学巨著《自然哲学的数学原理》。这部著作是在爱因斯坦的《相对论》发表以前,物理学史上最有影响的一部划时代文献。

特别应当指出的是,牛顿这部巨著的形成和问世,多亏了他的朋友哈雷先生无私地帮助和支持。

事情还要从一次访问说起。

1684 年初，哈雷根据开普勒天体运动的三大定律研究天体之间引力大小与距离的关系问题。他和另一位科学家胡克都设想引力同距离的平方成反比，但又没有充分的材料加以证明。

为了解决这些问题，这年夏天他来到剑桥大学拜访牛顿教授，希望从牛顿这里得到一些启示。

当哈雷把问题提出来时，牛顿马上胸有成竹地回答道："我认为引力同距离的平方成反比是正确的，我已经就地球和月球的运行，证明了这个问题。"说着，牛顿从抽屉里翻出了几年前的有关资料递给了哈雷。

哈雷心情激动地看完了计算底稿，自己长时间没有解决的难题，全给解释得一清二楚。哈雷被它的正确性和严密性，以及文中透彻精辟的论述深深折服。这不就是一篇很有价值的论文吗？应该让更多的人读到它！

在哈雷的推荐下，经过牛顿稍加整理，这篇题为《关于运动》的论文很快就在皇家学会的刊物上发表了。

不论是赞成牛顿观点的还是反对的，都承认这篇文章具有很高的研究价值，一些人还希望看到牛顿更详细、更全面的阐述。牛顿决定用他一贯的理论，将自己前半生的研究成果，系统地、有条理地组织成一本书。

1685—1687 年，牛顿把主要精力都放在编写这部书上，他每天都工作到深夜两三点钟，甚至认为"不花在工作上的时间都是浪费"。

1686 年底，当牛顿的写作即将完成时，传来了一个意外的消息。皇家学会原来同意出版牛顿的这部著作，可是由于英国皇室日趋衰落，给学会的经费一缩再缩，学会已经没有力量出版这本书了。

这个消息太让人扫兴了。它意味着牛顿用几年时间煞费苦心、夜以继日辛勤写作的成果将要化为泡影。这时，并不富有的哈雷出于对牛顿的友谊和对科学事业的热情，想方设法筹集了一笔经费，决定自费为牛顿出版这部巨著。

1687 年 7 月，《自然哲学的数学原理》这部伟大的著作终于问世了。牛顿给他的书起了这么一个名字是有其时代背景的。当时，人们把物理学称为自然哲学，这个题目，就是把自然界的各种现象，用严格的数学关系加以说明的意思。

这部著作出版以后，不仅在英国科学界，而且在欧洲的各个学会，都立刻引起了很大反响。人们争先恐后地购买这本书，第一版很快被抢购一空。尽管这样，在当时真正能理解、读懂这本书的人并不多，人们都想通过这本书了解当时科学发展的程度和动向。

那么，这本书包括了哪些主要内容呢？

在这部著作中，牛顿根据运动定律和万有引力定律，从天体运动到落体运动，对当时人们所能理解的有关力学方面的一切问题，从理论上做了全面系统的总结。全书由四大部分组成：

第一部分，讨论了作为力学基础的时间、空间、质量、力等内容，还论述了"运动的定律"。

第二部分，论述了落体运动、振动问题，然后专门谈了万有引力定律。

第三部分，研究了关于物体在空气或水中受到阻力时的运动情况，并对声、波的性质也做了说明。

最后一部分，解释了宇宙的构造，还进一步运用万有引力定律阐明了海水的涨潮、落潮和彗星的问题。

牛顿在书中所论述的许多问题，并不是第一次被提出来的。在这之前，已经有伽利略、开普勒等人进行过大量长期的探索和研究。牛顿的贡献在于能站在更高的角度，把研究进一步引向深入，将天体的运动和地面上的运动统一起来，总结出了牛顿运动三大定律和万有引力定律，从而完成了物理学史上的第一次大综合。

惯性定律的得出就是如此。在这之前，伽利略已经使用过惯性定律，只是未能给出这个定律的一般定义。后来笛卡儿也研究过惯性定律，他用了两条规律来表示它：第一，物体将一直保持它的速度，除非有别的物体制止它或减慢它的运动速度；第二，物体始终趋向于维持直线运动。

牛顿在伽利略和笛卡儿的基础上，分清了惯性和惯性定律的区别，给出惯性定律科学的表述方式："任何物体将保持它的静止状态或匀速直线运动状态，直到外力作用迫使它改变这种状态为止。"惯性定律也常被称为牛顿第一运动定律。

牛顿发现运动三定律的伟大意义在于他对质量概念的突破，从而揭示了这三个定律的本质，给予了科学的描述，为创立经典牛顿力学奠定了基础。

牛顿运动三大定律和万有引力定律构成了《自然哲学的数学原理》这部著作的主要内容，将它们综合起来就组成了完整的牛顿力学体系。从这本书问世，经过200多年再也没有人补充过任何本质上的东西，直到1905年，爱因斯坦发表了《相对论》，才从更广泛的范围内，发展和修正了牛顿的力学体系。

《自然哲学的数学原理》一书，在科学史上占有极其重要的地位。就物理学而论，只有爱因斯坦的《相对论》可以和它相比；就它的思想上的影响而言，只有达尔文的《物种起源》可以和它媲美。有人认为，现代科学就是从这本书开始的。

第二篇 漫话热学今与昔

一、热是什么

从钻木取火说起

1927年，在北京郊外的周口店地区，发现了距今40万～50万年前的古人类——北京猿人的遗址。

在这个遗址中，除了发现有大量的带有刀刃状和矛尖状的石器外，还挖掘出有几米厚的、已经石化了的灰烬和燃渣层。这个发现说明，至少在40万～50万年以前，北京猿人已经会有意识地利用火了。

最早的火种是怎么来的呢？科学家们推断，可能是取之于天火。在一次雷击电闪中，森林被烧着了，北京猿人就从燃烧的森林中取回火种，保存在他们的洞穴里。这样，火可以用来照明、御敌，还给他们带来了温暖，提供了熟食。

古猿人开始认识到火的重要以后，就努力想使火保持着不熄的状态，派专人轮流守护着它。但是，由于猛兽的侵袭和狂风暴雨带来的破坏，火种常常熄灭。后来，经过多少代的努力，猿人又发明了钻木取火的方法，这是人类第一次支配了自然力。

第一个钻木取火的人是谁，历史上已经无法考证了，只流下了一个传说。传说有一位叫燧人氏的人，用一根尖木棍在一块木板上不停地旋转摩擦，最后点燃了一块干燥的动物毛皮。从此，人类就可以自由地支配火了。恩格斯曾经说过："摩擦生火第一次使人支配了一种自然力，从而最终把人同动物分开。"

钻木取火的发明，成了人类文明开始的象征。后来，古人又学会了用火烧制陶瓷，冶炼矿石，制作金属工具。甘肃省出土的马家窑铜器说明，我国早在4700年前就能炼铜了。

火的运用，使人类积累了许多热学知识。早在商周期间，我国就有"金、木、水、火、土"的五行说，认为世界万物都是由这五种元素组成的。比如《国语·郑语》中就有过"以土与金木水火，杂以成百物"的记载，认为火是一种物质。古希腊的哲学家毕达哥拉斯，在公元前500年则提出了"土、冰、火、气"的四元素说，他把火看成是一种独立的基本元素。和毕达哥拉斯同时代的另一位古希腊哲学家赫拉克利特则更进一步认为，世界就是火，"自然界既不是神造的，也不是人造的，它是按照规律燃烧的永不熄灭的活火"。

比毕达哥拉斯和赫拉克利特稍晚一些的古希腊另一位著名的学者柏拉图，提出了一种新的观点。他根据摩擦生热的现象，认为火是一种运动的表现形式。

虽然古代对火和热的认识存在着各种不同的学说，但并没有形成系统的热学，只是对热的本质有了一些不成熟的设想。在温度计发明以前，热学研究的发展是非常缓慢的。

温度计史话

人们在对热现象研究的过程中，首先遇到的是温度测量的问题。

我们先不妨进行下面这个实验。把右手放到一盆热水里，左手放到一盆冷水里，过一段时间后，再同时把双手放入一盆温水里。这时你会发现，两手对温水的感觉是不相同的。右手觉得温水冷,左手觉得温水热。

这个实验说明,光凭人的感觉并不能准确地比较物体的冷热程度,必须要有一种能够测量物体温度的仪器才行。

16世纪末,伽利略为研制温度计花费了不少心血。他当时的目标是要制出一个能指示物体"热"的程度的仪器。他用了"热"这个词,是因为当时还没有"温度"这个名词。

早在古希腊时期,当时的学者就知道空气具有热胀冷缩的性质。到了1593年,伽利略深入研究了气体的热胀冷缩现象,并利用气体的这一性质,制造了世界上第一个气体温度计。

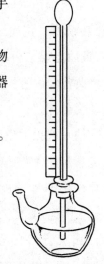

伽利略的气体温度计

伽利略的气体温度计构造非常简单:准备一根细长的玻璃管,它的一端呈空心圆球状,而另一端开口,事先往玻璃管里灌入一些带颜色的水,然后把玻璃管开口倒过来插入一个盛有水的容器中,这样就做成了一个如上图所示的温度计。当玻璃球稍微被加热时,球内的气体就会膨胀,玻璃管中的水位就会降低;反过来,温度较低时,球内的气体收缩,管中的水位就会上升。在玻璃管上等分几个格,刻上刻度,就可以测量温度了。

但是,由于伽利略的温度计下端和大气相通,因此,玻璃管中的水位高度不仅受空心球中空气温度的影响,而且还和经常变化的大气压强有关。这样,伽利略的温度计测量出来的温度就显得很粗糙了。

怎样才能使伽利略的气体温度计的缺点得到克服呢?后来,伽利略的一个叫斐迪南的学生,继承和完善了这一工作。

从气体具有热胀冷缩这一性质,斐迪南联想到,液体有没有热胀冷缩的现象呢?经过几次实验,他肯定了他的想法,液体同样也具有热胀冷缩的性质。接下来,斐迪南进一步推想到,能不能利用液体热胀冷缩的性质,像气体那样来指示温度呢?

斐迪南尝试着用各种不同的液体来代替气体进行试验。后来他发现,酒精在受热以后体积的变化比较显著。终于在1654年,斐迪南制出了世界上第一支液体温度计。

这种液体温度计的构造是:往玻璃球里灌适量的加过颜色的酒精,再把玻璃球微微加热,用酒精蒸气赶跑玻璃管中的空气,然后一下子把玻璃管口封死。把温度计的口封死以后,就消除了大气压强对测温的影响,这样测温的准确度就明显提高了。

可是,酒精温度计使用不久,人们又发现一个问题:当用酒精温度计去测开水的温度时,温度计里一片模糊,根本无法读数。原来,酒精的沸点很低,只有78℃,当被测物的温度达到78℃时,酒精温度计里的酒精就会沸腾变成气体,所以用这种温度计只能测78℃以下物体的温度。

那么要测较高的温度怎么办呢? 后来人们发现水银的沸点很高,竟达357℃,于是又一种液体温度计——水银温度计在1695年问世了。水银温度计可以测量很高的温度,但是它测低温的能力却很差,一到零下39℃时就会凝固。所以,我们测气温的寒暑表一般还是用酒精温度计,它的范围在零下114℃到零上78℃,这对于测世界各地的日常温度已经足够了。

虽然温度计在设计方面取得了很大进步,但由于当时还没有建立一个统一的温度标尺,各国制造的温度计拿来测同一个温度时,各个温度计显示的读数却不一样。为了避免这种混乱的局面,必须在温度计的刻度上有一个统一的标准。

1724年,荷兰物理学家华伦海特经过近十年的研究和改进,建立了以他的名字命名的温标——华氏温标。

华氏温标确定温度的方法是:把温度计插在冰和盐水的混合物里,待酒精液柱下降到最低的位置时刻上一个刻度,这是当时用人工方法能获得的最低温度,华伦海特把它作为第一个温度点,取作华氏0度,记为

0℉;接着,他把冰和水共存时的温度作为第二个温度点,记为32℉;后来,华伦海特又将温度计放入口中,把这样测得的人体温度作为第三个温度点,记为98.6℉;最高温度点是沸水的温度,他把它定为212华氏度,记作212℉。

华氏温度计最重要的优点在于:在相同的条件下它指示的温度总是一样的。华伦海特科学的温度定标方法,结束了过去在测温上的混乱局面。

到了1742年,瑞典的天文学家摄尔修斯又提出了一种更方便的确定温标的方法。由于摄尔修斯当时已经知道大气压对气温的影响,因此他的定标方法比华伦海特的更加严密。他规定:在一个标准大气压下,冰水共存的温度定为0摄氏度,记作0℃;水沸腾时的温度定为100摄氏度,记作100℃。然后他将0℃至100℃的区间划分为100个等份,每一等份就叫作1℃。以这样的方法确定温度的温标称为摄氏温标。

现在,世界上大多数国家都采用摄氏温标,但是英、美等国也广泛运用着华氏温标,所以不少寒暑表上同时标有这两种温标。它们的换算关系是:

$$C = \frac{5}{9}(F-32)$$

$$F = \frac{9}{5}C+32$$

式中,C表示摄氏温度,F表示华氏温度。

除了摄氏温标和华氏温标外,英国著名的物理学家开尔文(又称威廉·汤姆孙)在1848年又创立了一种绝对温标。这种温标以理论推导的最低极限温度作为0开尔文,记作0K。实际上,绝对零度(0K)只是一个理想温度,采用任何降温制冷的方法都不可能达到这个温度。绝对温标的刻度大小和摄氏温标完全一致,绝对温标的0K是摄氏温标的−273.16℃,其他温度换算就可以以此类推了。

随着科学技术的发展,对测温仪器的要求越来越高,一般的酒精、水银温度计已远远不能满足需要,科学家们先后发明了适用于各种用途的温度计。

1854 年,英籍的德国人西门子发现,有些金属材料的电阻会随温度而变化。人们根据这个原理制成了电阻温度计,这种温度计里的核心部件是一个对温度很敏感的导体或半导体。

后来,科学家杰别克又发现了一种热电现象:在两根不同的金属线组成的闭合回路中,当两种金属之间存在着较大的温差时,回路里就会产生电流。利用这种热电现象,人们制成了可以测 1000 多摄氏度高温的热电偶温度计。

热电偶温度计最多也只能测 1000 多摄氏度的温度,如果要测几千摄氏度甚至上万摄氏度的高温怎么办呢?科学家们又发明了辐射温度计。这种温度计的工作原理是:物体在不同的温度下向外辐射的能量不同,测知物体的辐射能,便可以知道该物体的温度了。辐射温度计的优点不仅在于它能够测成千上万度的高温,而且还可以在离被测物体较远的地方测定物体的温度。

人们为了有效预防目前正在全世界流行的甲型 H1N1 流感,利用辐射测温的原理制成了红外测温枪,在不到 1 秒的时间内就可以测出人体的温度,对有效防止甲型 H1N1 流感的流行起到了重要作用。

从伽利略的气体温度计到现代的辐射温度计,测温技术经历了几百年的发展变化,今后随着科学闯入更高温和更深冷的物理世界,相信一些应用更广泛的温度计又会应运而生。

首次热气球飞行

先讲讲一个古老的传说。

很久以前的古希腊时期,有一个名叫迭达罗斯的工匠,因为逃避苦役,从雅典来到位于地中海的克里特岛。在那里,他替岛上的米诺斯王建造了一座富丽而有趣的迷宫。贪婪的米诺斯王想把迭达罗斯留下来永远为他服务,就下令锁住岛上所有的船只,没有他的命令,谁也不许出海。

铁锁能锁住船只,却锁不住迭达罗斯怀念故乡的心,"国王能封住海面，却封不住天空"。迭达罗斯偷偷地用木条和羽毛做成了两对巨大的翅膀，一对给自己，一对给他的儿子依卡罗斯。

一天，迭达罗斯带着儿子依卡罗斯来到海边，每人拿起一对翅膀，用蜡粘在自己的双肩和手臂上，然后像鸟儿一样上下扑打，人随之腾空而起。迭达罗斯嘱咐他的儿子，不要飞得太高，不要靠近太阳。

年轻的依卡罗斯早就渴望返回故乡，今天终于如愿以偿了！在金色的阳光下，面对着辽阔的大海，他像一只冲出牢笼的雄鹰，直上蓝天，越飞越高，竟然忘掉了父亲的叮咛。太阳光把粘住翅膀的蜡烤化了，依卡罗斯一下子掉进了汹涌的大海，立即淹没在波涛之中。

"依卡罗斯，依卡罗斯！"父亲千呼万唤不见儿子的回音。海面上漂浮着一根根木条和一片片羽毛，迭达罗斯明白了刚才发生的一切。他忍着巨大的悲痛，继续向前，越过大海，回到了久别的雅典。

千百年来，这个传说寄托着人类飞上蓝天的希望，反映了人类遨游太空的理想。

由著名科学家罗蒙诺索夫创办的莫斯科大学的石墙上，刻有这样一句名言："鸟有翅膀，可以飞上天空；人没有翅膀，但靠智慧和力量，同样可以翱翔蓝天。"像鸟儿一样在天空中自由地飞翔，这个愿望终于在 1783 年，由于热气球的诞生而变成了现实。

当时，在法国一个名叫昂诺内的小镇上，有一家经营造纸业的兄弟，哥哥叫约瑟夫·蒙戈尔弗埃，弟弟叫雅克·蒙戈尔弗埃。1782 年冬季的一个晚上，蒙戈尔弗埃兄弟俩坐在壁炉旁烤火。一缕缕炉烟从火堆升起，悠悠地向空中飘去。望着这冉冉升起的一缕缕炉烟，约瑟夫突然萌发了一个想法：要是有一只口袋把烟装进去，烟不也会使口袋升起来么！于是，兄弟俩找来一块绸子，缝成一只口袋。他们把口袋的开口向下对着炉火，很快，口袋被热气鼓起来了。他们用绳子把口袋开口系住，一放手，口袋真的升起来了，一直升到天花板上。

这次实验像做有趣的游戏一样，获得了成功。从此，蒙戈尔弗埃兄弟就迷上了热气球。第二年的 6 月 5 日,他们把人类第一个热气球送上了天空。这只气球的直径 5 米,体积约 60 立方米,外壳是用多层帆布做的,里面用纸和亚麻密封。利用燃烧麦秆的热气把气球升上约 2 千米的高空后,它飞行了 12 千米后才缓缓降回到地面。

遗憾的是,这次飞行气球上没有任何乘客,气球自己独享了首次飞行的荣誉。

这次实验在当时无疑是个创举。消息传到法国科学院,他们立即派人把蒙戈尔弗埃兄弟请到巴黎,想亲眼看看他们的飞行表演。

重新制作气球的准备工作进行了三个月。1783 年 9 月 9 日这天,巴黎凡尔赛宫的草坪上热闹非凡,飞行表演就要在这里举行。美国著名科学家富兰克林、法国国王路易十六和皇后也都亲临观看表演。在众多来宾的欢呼雀跃中,一只五彩缤纷的直径达 15 米的热气球飞上了天空。和三个月前那次飞行不同的是,这次飞行增添了三个"飞行员",气球下面的吊篮中出现了三只不知所措的羊、鸡和鸭子,这是人类首次载动物飞行。这只载着动物"飞行员"的气球上升到 500 米的高度,飞行了 3 千米,8 分钟后才慢慢落在了一片森林里。人们纷纷赶到气球降落的地点,发现三位"飞行员"竟安然无恙:羊儿在吃草,鸭子在呱呱叫,只有鸡的翅膀在降落时被吊篮压成轻伤。

气球载动物飞行的成功,大大鼓舞了蒙戈尔弗埃兄弟,他们想到,气球既然能平安地载着动物飞行,说明它也完全可以做载人飞行。他们立即着手制造能真正载人上天的热气球。

蒙戈尔弗埃兄弟准备用热气球载人上天的计划,传到法国国王路易十六那里,他想,这是人类第一次飞向天空,成败难以预料,叫谁去冒这个险呢?他考虑再三,最后宣布,让两个已经判处了死刑的囚犯去试飞。

国王的这一决定,自有它的一番道理,但是巴黎有两位青年坚决反对国王的这一决定。这两位青年一个是青年学者德罗齐,另一个是贵族青年达尔朗德。他们认为,第一次升空是件非常光荣的事情,而这种荣誉怎么可以让给囚犯享受呢?

德罗齐和达尔朗德决定,他们俩愿意做人类的第一次气球飞行。为了使国王路易十六改变他原来的决定,他们俩设法觐见了国王,并向国王阐述了他们的理由,最后使国王改变原来的决定,同意了他们的请求。

为了迎接这次飞行,蒙戈尔弗埃兄弟又精心制作了一个直径 16 米的大气球。1783 年 11 月 21 日,气球载着德罗齐和达尔朗德两位青年勇士,从布洛涅森林起飞,点燃携带的麦秆以维持浮力,以 1000 米的高度横越巴黎上空,25 分钟后在巴黎郊外顺利着陆,完成了人类历史上首次气球载人飞行。

人类虽然没有翅膀,但靠着智慧和力量,再加上勇气,终于飞上了向往已久的蓝天。

围绕热本质的争论

热的本质是什么?

这是早期热学探讨的一个主要问题。早在古希腊和古罗马时期,就有人把热看成是物质微粒在虚空中运动的一种表现。公元前 1 世纪,有一位叫卢克莱修的学者曾经说过,运动可以使一切东西变得很热,甚至燃烧起来。

过了 1000 多年以后,热是一种运动的假设,又被英国的培根、牛顿、胡克以及俄国的罗蒙诺索夫这些著名的科学家加以肯定。但是,由于当时还没有充分可靠的实验依据,这种观点仅仅只能作为一种假设而已。

到了 17 世纪中叶,有人提出了另一种"热素说"的新理论。这种理论认为,热是由一种叫作"热素"的东西组成的,它是一种特殊形式的、没有重量的物质。

首先提出"热素"概念的,是英国著名物理学家玻义耳。他还通过一个实验证明存在着热素这种物质。

玻义耳的实验是:把一块金属铅放在密闭的容器里,首先称出容器和金属的重量,再通过容器给金属加热。两小时后,打开密闭的容器,一起称量容器和金属的重量,发现加热后的重量比加热前增加了。

怎样解释这一现象呢?玻义耳解释说,在加热过程中,有一种眼睛看不见的、特别微小的"热素"穿过容器跑到金属里去了。

"热素"的概念提出来以后,很快被许多人接受,英国的物理学家布拉克还总结出了系统的热素学说。他认为,热素是一种没有颜色、没有质量、眼睛看不见的微小物质。它可以渗透在一切物体之中,引起膨胀、熔解等现象。热素是热的来源,热量就是热素的数量,物体的冷热程度取决于它含热素的多少。热素可以从比较热的物体流到比较冷的物体,就像水从高处流向低处一样。同时,布拉克还确认,自然界的热素是恒定的。一个物体减少的热素,必然等于另外的物体增加的热素,热素既不能自行产生,也不能自行消灭。

热素说似乎能够合理地解释熔解、凝固、热传导等一些常见的物理现象,还能够成功地说明"混合量热法"的规律。这个规律是,两个温度不同的物体,混合以后达到同一温度时,如果热量没有散失出去,那么温度较高的物体失去的热量,正好等于温度较低的物体吸收的热量。

到了 1789 年,法国的大化学家拉瓦锡甚至把热素正式列为他的化学元素表中的第 23 号元素,用符号 T 表示,属于气体元素类。

于是,为了拿出更加雄辩的事实来,热素论者们花了很多精力去捕捉那到处流动的"热素"。在这个过程中,人们从各种化合物中提取了许多金属元素和硫、氢、氧等非金属元素,唯独没有发现热素。在拉瓦锡的元素表中,第 23 号位置一直令人遗憾地空缺着。

自然界真有什么"热素"吗?提出这个疑问的是 18 世纪俄国科学院的第一位院士、著名科学家罗蒙诺索夫。

罗蒙诺索夫曾详细地研究了各种热现象,他重复做了玻义耳当初提出热素的实验。与玻义耳不同的是,他不是做了一次,而是做了两次。

第一次他取了一个玻璃曲颈瓶,里面放一块金属铅,封住瓶口,称出瓶

067

和金属铅的重量。然后,他开始在火上加热曲颈瓶,两小时后从火焰上拿下,打开了封口,等到冷却后再称瓶和金属铅的重量。果然,金属铅的重量增加了,这与玻义耳的实验结果完全相同。可是,罗蒙诺索夫并不认为这是热素穿过容器跑到金属里去了。他接着又做了第二次实验,这次实验与前次不同,他在加热之前和加热之后,都不打开曲颈瓶的封口,结果发现,瓶和金属铅的总重量,在加热之前和加热之后没有丝毫改变。这就是说,并没有什么神秘的热素在加热过程中穿入到曲颈瓶里去。

继罗蒙诺索夫之后,1798年,从美国移居欧洲的科学家本杰明·汤普生,又进行了和热素说推论完全相反的实验。

汤普生曾在慕尼黑一家兵工厂负责制造大炮的技术工作。当时,在军工生产中常常用马拉着钻孔机来钻炮筒,他在工作中发现,用钻头钻炮筒时,钻头、炮筒和铜屑会产生大量的热。根据热素说的观点,锐利的钻头比钝钻头更能有效地切削炮筒的金属,应该从中放出更多的和金属结合的热素。而汤普生则发现,钝钻头切削的效果虽然很差,但它却能比锐利的钻头放出更多的热。这个发现正好和热素说的观点相反。

为了说明这一点,汤普生还做了一个实验。他用一只几乎不能切削的钝钻头,在马匹的拖动下使它转动,过了2小时45分钟,竟使大约15千克质量的水沸腾起来。实验的结果使汤普生对"热素说"大胆提出了怀疑,他写道:"在推敲这个问题时,我们不能忘记,摩擦所产生的热的来源似乎是无穷无尽的。不用说,任何与外界隔绝的一个物体或一系列物体所能无限地、连续地供给的任何东西,绝不可能是具体的物体。起码,凡是能够和这些实验中的热一样地激发和传播的东西,除了'运动'之外,我似乎很难把它看作为其他的任何东西。"

这里,汤普生的观点已经非常明确,他认为热不是热素产生的,而是机械运动的一种形式。具体说,是摩擦产生了热。

在汤普生实验的第二年,英国科学家戴维又设计了一个冰的摩擦实验。在真空的条件下,他用一只钟表机件作动力,使两块冰相互产生摩擦。

整个实验装置都在−2℃的温度下进行,结果冰在摩擦的地方不断融化,得到的是2℃的水。按照热素论,热素是不能进入真空的,那么冰融化的热是从哪里来的呢?

和汤普生的实验一样,持热素说观点的人无法回答这个问题。

从罗蒙诺索夫、汤普生到戴维,他们都先后用不同的实验事实驳斥了"热素说"的观点,但由于当时人们习惯于孤立地考察各种现象,"热是运动"的观点还没有形成系统的学说,因此,在分子运动论和能量守恒定律建立之前,"热素说"在科学界仍然很流行。

二、理论树下的硕果

四百多次试验后的"产儿"

真正给"热素说"致命打击以致最后造成其破产的,是19世纪30年代左右布朗运动的发现,以及后来焦耳发现了热功当量。

1827年,英国科学家布朗在进行一次生物实验时,制备了一种花粉的悬浊液,也就是说,他把花粉放入水中并使花粉微粒在水中分布在不同的高度上。他在显微镜下观察这些花粉颗粒时,发现这些悬浮在水中的花粉在做杂乱无章的、不间断的运动。布朗花了很大的耐心把其中几粒花粉的运动轨迹描绘下来,就形成了下页图中所示的这种情形,圆点表示每经过30秒花粉粒子所在的位置。

布朗对这个现象进行了反复研究。开始,他错误地认为,这可能是一种生物现象,花粉虽然死了,但是好像有一种具有生命潜力的东西遗留下来,促使花粉微粒不断地运动。他曾经写道:"花粉微粒的运动既不是由液体流动引起的,也不是液体渐渐蒸发引起的,而是由于微粒本身的原因引起的。"

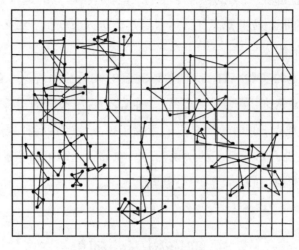

布朗运动

后来，布朗又用没有生命的煤粉、玻璃粉、各种岩石粉、金属粉等物质的微粒进行观察，同样也看到了类似花粉不断做无定向不规则运动的现象。这说明，原先认为这是一种生物现象的理解是错误的。

经过进一步研究，人们才懂得了这种现象只有用分子运动的观点才能得到解释。原来，浮在水中的颗粒，总是被四面八方的水分子所包围，由于水分子本身处在不停息的运动中，所以浮在水中的颗粒就要受到来自各方向的水分子的撞击。水分子的运动是没有规则的，因此颗粒受碰撞而运动的轨迹也是杂乱无章的，就形成了图中所示的情形。后来人们把这种分子做无规则运动的现象叫作"布朗运动"。

如果我们在不同的温度下，观察悬浮颗粒在同一种液体中做布朗运动时，就会发现，温度越高，颗粒的布朗运动就越激烈。这充分说明物体内分子的运动是与温度有关的，物体越热（即温度越高），物体内分子运动就越激烈，所以，热正是分子运动的表现。

布朗运动的发现，以及在这之前汤普生和戴维总结出的热不是什么特殊物质，而是运动的一种形式的两个实验，都说明了存在着分子的无规则运动。但是，所有这些研究都只停留在定性的基础上，毕竟还没给出热和运动的定量关系。这个问题直到19世纪中叶，由英国杰出的物理学家焦耳测定了热功当量，才得到令人满意的答案。

1840年前后，热素说仍很盛行，焦耳却相信当时少数几位科学家的观点，认为热素并不存在，热是能的一种形式。在近40年的长期研究中，焦耳做了大量实验，采用过许多种不同的方法，分别用电磁机械、电磁感应力、化学变化、摩擦固体和流体、电热等方法，共进行了400多次测量，探求热和其他形式能的当量数值。

1841年，焦耳发表文章介绍四种测定热功当量的方法。开始时，他用磁电机产生的电流给放在水中的金属丝加热，根据电流做的功和水获得的热量来计算热功当量。焦耳发现，通电金属丝所产生的热量，跟电流强度的平方、金属丝的电阻和通电时间的乘积成正比。这就是说明电流的热效应规律的焦耳定律。

在一篇题为《论电流生热》的论文中，焦耳概述了电流生热的规律，最后他根据对电路中的热损耗和电动机所做的机械功的观察与分析，明确提出了功和热量等价性的概念。

除了电热方法以外，焦耳还用压缩空气的方法，比较压缩一定量空气所需的功和所产生的热量，也得到了热功当量的数值。

在焦耳测定热功当量的实验中，最著名的是1845年发表的用摩擦加热液体的实验。

这个实验的装置如右图所示：在一个盛满水或鲸脑油的量热器中，插一根转轴，轴上装着起搅拌器作用的叶片，叶片通过滑轮用重物来带动。实验时，使重物下落，从而带动量热

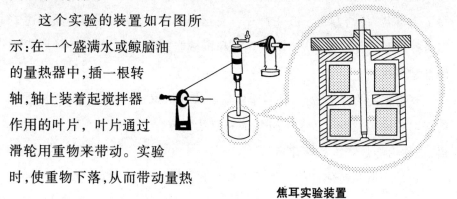

焦耳实验装置

071

器的轴转动，这样，叶片转动时就会和量热器中的液体产生摩擦。重物下落到底端后可以再绕到滑轮上，重复多次，液体升高的温度可以用精确的温度计测量出来。焦耳测得的热功当量的平均值为 4.155 焦耳/卡。这表示，1 卡的热量相当于 4.155 焦耳的功。焦耳当年测得的数值与目前人们普遍采用的数值 4.1858 比较，已经相差无几了。

焦耳测定的热功当量具有十分重大的意义，它不仅确定了热量和机械功之间的普遍当量关系，而且把热和机械运动之间的联系用具体数字表示了出来。对物体做功的效果和对物体加热的效果是相当的，同样都能引起物体内能的增加。

在这同时，焦耳还用有力的热功当量实验，结束了持续几百年的关于热本质的这场论战。他得出了权威性的结论：热素是不存在的，热就是运动。

在此基础上，焦耳 1847 年又提出了有关"力"（后来称为能量）守恒和转化定律的初步思想。

进入 19 世纪以后，由于物理学和其他科学在工业领域的广泛应用，人们已经强烈地感觉到，机械的力、热、光、电、磁、化学力等自然界的各种力之间互相有联系，各种力是不是就是同一能量的各种特殊形态呢？实际上，焦耳的热功当量实验已经把这一思想变成了科学事实。但焦耳提出能量守恒与转化定律初步思想的论文在英国科学杂志上发表后，当时并没有引起人们的注意。

不久以后，德国科学家亥姆霍茨继承和发展了焦耳的这一学说，他撰写了一本名为《论力的守恒》的著作。在这部著作中，亥姆霍茨全面阐述了能量守恒和转化定律，认为不仅热能和机械能是等效的，而且各种形式的能都是等效的。

亥姆霍茨的这部著作，使科学家们很快地认识到，一个新的、非常重要的普遍定律被发现了。人们开始时称它为力守恒定律，后来有了新的术语，被称为能量守恒和转化定律。

能量守恒和转化定律的一种表述形式为：自然界一切物质都有能量，

能量有不同形式，能够从一种形式转化成另一种形式，从一个物质系统传递给另一个物质系统；在转化和传递中，能量不变。

能量守恒和转化定律的发现，是物理学史上一件非常重要的事件，因此，恩格斯把这个定律与进化论、细胞学说并列称为 19 世纪的三大发现。

首先，能量守恒和转化定律表达了关于运动量不可创造和不可消灭的普遍学说；其次，这个定律包括了一切物理现象：力学的、热学的、电学的、磁学的和光学的现象。人们就有可能根据这一定律，从同一观点出发去研究所有物理现象，并把它们看成是可以互相转化的运动的不同形式。因此，能量守恒和转化定律把物理学的各个分支有机地结合成一门统一的科学。

从蒸汽球到蒸汽机

每当人们提起蒸汽机，就很自然地想到了瓦特，因为在许多人的印象中，蒸汽机是瓦特发明的。甚至还流传着这样一个故事：

瓦特小时候，有一次到姨妈家去做客，看见壁炉上水壶里的水烧开后，蒸汽把壶盖都掀动了。顽皮的瓦特用东西把壶嘴堵死后，蒸汽干脆把壶盖整个掀掉了。"蒸汽竟有这么大的力量？"瓦特非常吃惊。后来，瓦特受这件事的启发，终于发明了蒸汽机。

其实，蒸汽机的发明绝非瓦特一个人的功劳。蒸汽机的产生，可是有一段很长的历史渊源呢！

这还要从很早的时候说起。

公元前 130 年左右，也就是距今 2100 多年前，古埃及的亚历山大城，既是当时世界上最大的都市，又是地中海沿岸和东方各国贸易和文化交流的中心。这个古城不仅有被称为世界七大奇观之一的港口灯塔，还有著名的学术中心——博学馆。这是一个人才荟萃的地方，像科学家欧几里得等，就是在这里取得学术成就的，甚至连远在西西里岛的阿基米德也到过这里，从事学习、研究活动。

在这个文化发达的亚历山大城，有一个叫希罗的学者，他发明了世界上第一个由热转变成机械运动的装置，叫蒸汽球。

希罗在一本叫作《气学》的书中，向人们介绍了"蒸汽球"这个简单机械。它的构造是这样的：在一个加热容器上安装一个空心圆球，加热以后蒸汽进入这个空心圆球，并从圆球上两个和圆周相切且彼此方向相反的喷口射出，使两股蒸汽喷出的时候，反作用力构成一个力矩，推动圆球迅速旋转。

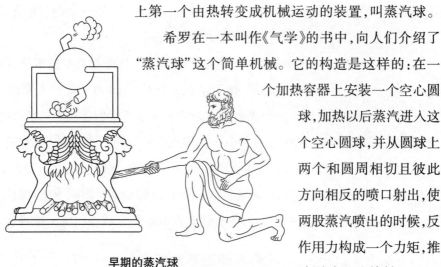

早期的蒸汽球

但是，在当时生产力水平还很低的条件下，这种发明对生产实践并没有起多大的影响。虽然希罗曾经想过，用蒸汽膨胀的推力去旋转神庙沉重的大门，但这种尝试最终失败了。后来，这种蒸汽球只是作为一种转球玩具而供人欣赏。

如果希罗的这种蒸汽球，可以称为最简单原始的蒸汽发动机的话，那么，在希罗以后的1000多年里，蒸汽发动机的研究几乎没有什么进展。直到欧洲文艺复兴时期以后，社会上进行蒸汽动力装置的试验才逐渐多了起来。

15世纪的达·芬奇，不仅是世界绘画史上的一颗巨星，在自然科学领域，他也曾经提出过蒸汽发动机的设计思想。

据说，物理大师牛顿曾设计过一辆蒸汽汽车。这种汽车想利用蒸汽从一个喷口往后喷射所产生的反作用力，来推动车子前进。

1680年，对发明钟表做出过卓越贡献的荷兰物理学家惠更斯，甚至还设想过利用火药的威力，在汽缸里爆炸来推动活塞运动。

但是在当时的生产条件下，以上这些都还停留在设计阶段，没有得到实际应用。

在经历了一个长时期的摸索过程以后，17世纪末，英国矿山技师塞维利总结前人的经验教训，首次研制出可以用于矿井抽水的最早的实用蒸汽机。确切地说，塞维利的蒸汽机实际上是一个蒸汽水泵。它的工作过程是这样的：如右图所示，B是锅炉，S是汽缸，F是水泵。水从漏斗加进锅炉后，对锅炉进行加热。当锅炉里的水沸腾以后，蒸汽通过开着的阀门C进入汽缸S，把汽缸里的水往下压。这时，水泵F的阀门b受到水的压力后闭上，阀门a却被水推开，水就进入了水管A，从那里流了出去。等汽缸S里充满了蒸汽，就把阀门C关上，打开阀门e，淋上冷水使汽缸中的蒸汽冷凝，形成真空，井里的水这时由于压力差的作用会冲开阀门b，升到水泵里。然后，又开始了一个新的工作循环。

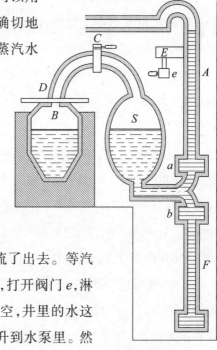

塞维利的蒸汽泵

　　塞维利的蒸汽水泵还很粗糙，工作时操作的人总要在那里手忙脚乱地开关阀门。另外，它的效率也很低，有90%以上的蒸汽能量消耗到汽缸一冷一热的变化中。因此，塞维利的蒸汽水泵在当时并没有得到广泛应用。

　　18世纪初，英国矿井上的一位铁匠纽可门，大胆地改进了塞维利的蒸汽水泵，制成了较完善的蒸汽机，纽可门蒸汽机不仅已经使用了蒸汽机的一些主要部件——汽缸和活塞，还开始利用杠杆来传动。开始，纽可门蒸汽机工作时仍然要人手忙脚乱地去开关阀门，后来有个叫毕顿的人设计了一个连杆装置，使阀门可以自动开关，从而大大提高了蒸汽机的机械化程度。

　　到了1712年，纽可门蒸汽机不仅在矿井上获得推广，而且开始应用于农田灌溉。但是，它与塞维利蒸汽水泵有同样的致命缺点：不能连续工作。也就是说，只有当活塞往某一个方向运动时机器才做功。由于上述原因，

075

纽可门蒸汽机仍然满足不了当时迅速发展的矿井排水的需要。

在蒸汽机发明史上做出过决定性贡献的、特别值得一提的人,是学徒工出身的英国发明家瓦特。

1736年,詹姆士·瓦特出生在英国苏格兰的格林诺克镇的一个工人家庭。由于家庭困难,童年的瓦特上不起学,他就自学了一些几何和物理学知识。

15岁那年,瓦特到伦敦的一家钟表店当学徒。在这期间,他白天在店里忙碌,晚上就到一位著名机械师家里学习机械学。在学习后的闲谈中,这位机械师向他讲起蒸汽机,瓦特把闲谈当作听课,回家以后还自己动手做实验,研究蒸汽的性质。

1763年,经人推荐,瓦特来到条件较好的格拉斯哥大学担任仪器修理工。一次,学校里一台纽可门蒸汽机坏了,请瓦特去修理。在修理过程中,瓦特发现纽可门蒸汽机有两大缺点:一是热效率低,蒸汽的绝大部分热量没有用来做功,而是消耗在使汽缸一冷一热上;二是活塞只能做往复的直线运动,不能做旋转运动,这就限制了蒸汽机的使用范围。

为了解决第一个问题,提高蒸汽机的热效率,瓦特认为,必须设法使汽缸里排出的高温蒸汽尽快冷却。因此,他专门设计了一个和汽缸分离的冷凝器,这样就可以使蒸汽在冷凝器中冷却,而不必用冷水再去淋汽缸了。

瓦特没有满足于这次改进的成果,他又设法解决纽可门蒸汽机的第二大缺点,变活塞的单向式推动为双向式推动。

在以后的近10年时间里,瓦特花费了自己全部的时间,尝试着用某种方法使蒸汽能来回推动活塞运动,但是都没有成功。不久,英国发明家司蒂德发明了一种曲柄装置,可以把往复的直线运动转变成回转运动。在此基础上,为了使蒸汽机在有负载的时候仍能保持均匀运行,瓦特设计了离心式调速器,对蒸汽机的运转实行自动调节。

经过自己长期的努力,同时吸收别人的成果,在1784年,瓦特终于制成了性能比较优良的新一代蒸汽机——瓦特蒸汽机。和纽可门的蒸汽机

詹姆士·瓦特

相比,瓦特蒸汽机具有明显的优点,它不仅煤的消耗少,而且还可以连续工作。瓦特蒸汽机的发明,极大地推动了当时正在蓬勃兴起的英国工业革命,也使世界工业进入了大规模的蒸汽时代。

从希罗的蒸汽球到瓦特的蒸汽机,历史已经经历了一段漫长的过程。需要强调的一点是,蒸汽机的发明远非只是我们以上提到的几个人的功劳。除了工业发展较早的英国外,在法国、德国等欧洲国家,有不少人从事这方面的研究并做出过杰出的贡献,因此,恩格斯曾经指出,蒸汽机的诞生是一次"真正国际性的发明"。

永动机的幻想

在物理学发展的历史中,攀登上科学高峰的成功者有成百上千,但由于各种各样的原因,失败者也不乏其人。在资本主义社会初期,由于机械制造业的迅速发展,一部分人沿着正确的路线发明了纺纱机、蒸汽机……而另一部分人却幻想着发明一种不需要消耗能量就可以不断向外做功的装置——永动机。

仅就文字记载而言,最早的永动机设想,是13世纪哥特式建筑工程师韦拉尔·德·奥努克尔提出来的。他设想在一个轮子的边缘上用合页等距离地安上七个木槌,给其一个原动力使轮子转动,在转动以后,木槌就可以交替打击轮缘,使轮子不停地转动。奥努克尔的这个设想,如果我们今天把它付诸实现,就会发现轮子转动几圈后就会很快停下来。

后来,德国的伍斯特二世侯爵发明了一种"永动轮"(如右图所示),利用轮内铅球下落的惯性力推动轮子转动下去。设计者是这样解释的:由于轮上轴条形状的特殊设计,当一边的球靠近轮轴一侧,另一边的球就会滚到远离轮轴的一侧。转动开始以后,轮内的铅球

永动轮

就会交替地往返于轮缘与轮轴之间,由于惯性的作用,这个轮子就会转个不停,成为一个"永动轮"。

但是在实际应用中,这个"永动轮"也和前例一样,转不了几圈就像泄了气的皮球似的停下不动了。

古希腊著名科学家阿基米德有段时间也曾醉心于永动机的发明,他设计了一个叫作阿基米德螺旋汲水器的装置,如右图所示。这个装置的原理如下:先用人力把最上面一只水槽装满水,然后让水一级一级地冲下来,冲动汲水器外面的一个个轮叶,从而转动汲水器。汲水器把水汲上来以后,又可以补充水槽里的水,这样螺旋汲水器就可以周而复始地运转。

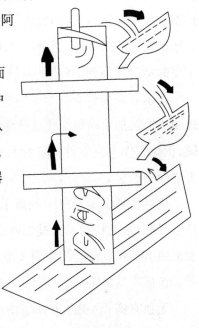

这一设计如果不考虑摩擦等损耗,同时改进装置,使水冲下来的功能全部利用,倒是有可能永动的。因为水先具备了一定的势能,然后让水的势能变为动能,利用动能再来提高水的势能,

螺旋汲水器

这样循环下去,其间并没有利用这些能量做别的功。但是,实际上摩擦损耗无法消除,这种汲水器也就不会永动。

以上所举的永动机的例子,属于好心人做了"糊涂事"。他们带着善良的愿望设计发明永动机,希望能为人类造福,但却违反了科学的规律,因而他们最终的命运都只有一个:研究的永动机都成了"不动机"。

值得一提的是,在发明永动机的历史上也曾留下过不少丑闻。有些投机者,企图利用发明"永动机"来获取专利权,乘机大捞一把,为此设下了不少骗局。

1714年,有一个叫奥尔菲留斯的德国人,声称发明了一种叫作"自动轮"的永动机。在做了第一次表演以后,受到大家的赞赏。发明自动轮的消息很快传遍了德国,甚至波兰国王也对这个机器感到极有兴趣。有一位州官还特地请他去试验这架机器。

机器安装在一间特别设立的房子里,当机器开始运转时,房间被锁了起来,有两名卫兵日夜守护,不许任何人接近。整整过了两个月,这架机器仍不知疲倦地运转着,州官终于相信了这项发明。于是奥尔菲留斯得到了一张正式的证明文件,上面证明他的永动机每分钟可以转 50 圈,能够将 16 千克的重物提高到 1.5 米的高度,而且还能带动铁匠炉的风箱和磨刀床。

奥尔菲留斯带着这个证明文件和他的永动机,周游了欧洲许多国家,每到一地就把永动机如此这般地炫耀一番,各地的官员对他的发明深信不疑,把他当作上宾款待。霎时间,奥尔菲留斯的名声大振,钞票像雪片似地飞进他的腰包。

这场精巧的骗局终于败露了。由于奥尔菲留斯先后和他的老婆和女仆吵了架,永动机的秘密被揭露出来。原来,在这架巨大机器的夹层里,发明家的弟弟和女仆隐藏在别人难以发现的地方,牵动着绕在轮子一端的绳子。在揭穿这场骗局的同时,人们也发现了自己的天真和幼稚。

无独有偶,在奥尔菲留斯销声匿迹 100 多年以后,远在大西洋彼岸的美国又冒出了一个声称发明了真正"永动机"的"天才",此人叫约翰·维勒尔·基利。

不过,基利发明的永动机比前人要精巧得多,而且还有一定的理论根据。他吹嘘,他并不是凭空制造出能量,而是使用水这种常见的物质,通过"共振"使其重新结合起来,从而获得大得令人难以置信的能量。由于他的花言巧语,促使十来名工程师和资本家筹款 1 万美元,成立了基利永动机公司。基利用这笔钱买来一些机件,并把金属管、金属球、金属阀和仪表组合起来,装成了看上去非常精巧的一部机器。

1874 年,这架永动机在费城一些有影响的人物面前举行了公开表演。一名出席者报告说:"仪表指示了每平方英寸(约 6.45 平方厘米)5 万磅(约

22.68 吨)以上的压力。粗粗的绳子被拉断,铁棒被压弯,打出的子弹穿透了 12 英寸(约 30.48 厘米)的厚板。"基利夸口说:"我能够用 1 夸脱(约 1 升)的水,使一列火车从费城开到纽约。"

由于这次公开表演的成功,资本家们纷纷慷慨解囊,他们断定这是一笔一本万利的生意,给了基利永动机公司大量的投资,期待着基利公司生产出实用的商业性永动机。

时间不知不觉过去了 20 年,永动机的研究迟迟未取得进展。直到 1898 年基利死后,人们才发现这个研究永动机的基利公司,甚至连一张设计图都没有。有人把基利试验所使用的房子租了下来,进行彻底检查,结果发现,地板下藏着高压气箱,用管道连通着每个必要的部位,用高压气体的力量推动机械运转,而所谓利用水的"共振"来获取能量完全是一番骗人的胡言乱语。

研究永动机的风波经历了长达几个世纪的时间,支持和反对发明永动机的斗争从来就没有停止过。早在 15 世纪,意大利的达·芬奇就曾以自己亲身的教训告诫人们:永动机是永远搞不成功的。1776 年法国巴黎科学院也正式通过一项决议:凡属研制永动机的建议,今后一律不予审理。但是这些告诫和决议由于缺乏充分的理论根据证明永动机的不可能性,因此永动机的发明者对此置若罔闻。在找寻永动机的道路上,仍旧交织着他们盲目的足迹。

直到 19 世纪下半叶,英国学者焦耳经过几十年的辛勤努力,得出了著名的热功当量定律,从这条定律进一步发展,确立了能量守恒定律。能量守恒定律作为 19 世纪自然科学的三大发现之一,敲响了永动机研究的丧钟。这条定律,就像是寻找永动机歧路口的一块路标,上面写着四个大字:"此路不通";同时也是科学大道上的一块里程碑,标志着人们对自然界的认识发展到了一个更高的阶段。

低温有极限吗

从 18 世纪末期开始,随着人类科学技术的进步,在热学研究的领域中,物理学家们逐渐发觉对低温理论的探索大有文章可做,低温是一个很有趣的世界。

在地球上,人类自然环境最冷的地方是南极和北极。到目前为止,科学工作者记载的最低温度是在北极记录的-88.3℃。

在月球上,虽然没有神话传说中的广寒宫,可是它背着太阳一面的温度比地球上两极的温度还要低得多,可以达到-190℃甚至更低,那里无疑是一个寂寞寒冷的世界。更有甚者,和月球比起来,远离太阳的海王星、冥王星上的温度还要低,可以达到-240℃。

这样,人们自然就会提出:低温到底有没有尽头?

其实,早在200年以前,科学界就已经提出并开始探索这个问题了。

1787年,法国物理学家查理通过研究气体的膨胀性质发现,对于一定质量的气体,当体积不变的时候,温度每降低1℃,压强就要降低它在0℃时压强的 $\frac{1}{273}$。

时间过了17年,查理的同胞盖·吕萨克进一步发现,一定质量的气体,在一定的压强下,温度每降低1℃,气体的体积将缩小它在0℃时的体积的 $\frac{1}{273}$。

如果按照查理和盖·吕萨克的发现推算下去,当温度降低到-273℃时,就会出现世界上所有气体的压强(体积一定时)或者体积(压强一定时)都缩小到无影无踪的现象。世界没有了压强或体积,这种情况怎么可能发生呢?

又经过半个世纪的摸索,英国物理学家、绝对温标的发明者开尔文才明确指出,温度每降低1℃,会缩小气体的压强或体积的 $\frac{1}{273}$,其实质是降低气体中物质分子平均内能的 $\frac{1}{273}$。也就是说,在-273℃时,物质分子的平均内能将降低到零,热运动完全停止。而科学的事实已经证明,物质的热运动是绝对的,一个没有热运动的世界是不存在的。

根据查理、盖·吕萨克和开尔文的结论,人们得出:−273℃(精确值为−273.15℃)是一个极限温度,物质世界里再也没有比这更低的温度了。这就是绝对零度的由来,也是科学上常用的开氏温标(K)的起点。

按照开氏温标的理论,绝对零度(0K)即−273.15℃,只是一个极限值,实际上是不存在这样低的温度的。

科学的发展,往往是从打破许多人为的禁区而得到。到底能不能用实验手段创造出−273.15℃这样极限的低温呢?这个设想引起了许多科学家的兴趣。随之而来的是出现了多种制造低温的方法和技术。

19世纪20年代,法拉第首先发现,在相当低的温度下,给某些气体施加足够大的压力,就会使它们变成液体。这种液化气体一旦制成,又成了一种极好的冷却剂,因为当它们在减压条件下蒸发而变成气体的时候,会从周围环境中吸收较多的热量,使温度变得更低。

采用这种方法,科学家们获得了−110℃的低温,使很多气体冷却为液体或固体。但是,有一些气体,如氢、氧、氮、一氧化碳、一氧化氮、氦,等等,无论采用何种工艺,施加多大压力,它们依然呈现着气体状态,显得优哉游哉。当时,人们称这些顽固的家伙为"永久气体",认为它们永远不能液化。

"永久气体"真的不能被液化吗?

1869年,爱尔兰物理学家安德鲁斯通过实验发现,任何气体都有一个临界温度,高于这个温度,无论施加多大压力,它也不会液化。这就暗示着,如果能获得足够低的温度,所谓"永久气体"也可能会液化。

不久以后,德国科学家林德等人分别采取压缩—绝热膨胀制冷法和抽除液面蒸汽制冷法,先后在−183℃、−190℃、−196℃的低温下,使氧、一氧化碳和氮这些"永久气体"变成了液体,打破了以前认为"永久气体"不能被液化的错误结论。

到了1898年,苏格兰科学家杜瓦开始向最后两个仍然没有液化的堡垒之一——氢气展开了进攻。他根据林德等人的制冷原理,通过巧妙地设计,使这种制冷过程能够连续循环地进行,得到了更加显著的降温效果。

083

最后在−253℃的极低温度下，氢气终于被降服了，变成了液体。

氢气被液化了，但是事情并没有结束，因为人们发现还有一种惰性气体——氦气比氢气更难液化。

这时，荷兰物理学家昂尼斯开始从事这一领域的科研工作。他花了10年时间筹建了一个低温实验室，建立了巨型液化工厂，为向低温进军做了充分准备。1908年，昂尼斯先采用五级串联抽除液面蒸汽，制得大量液氢，再用液氢作冷却剂把加压的氦气冷却到−255℃，然后又用压缩—绝热膨胀法，使它进一步冷却到4.2K，这时氦气才乖乖地变成了液体。自然界中最后一种未被液化的气体终于被征服了。

到此为止，地球上所有的气体都先后被一一地征服了，同时也反映了科学家们在向低温世界的进军中，离绝对零度的目标越来越近了。

进入20世纪以后，由于科学的高度发展，制冷技术又有了新的突破。1925年，荷兰物理学家德拜找到了一种获得超低温的新方法——绝热去磁法。后来人们利用这个方法，在1957年创造了0.00002K的超低温新纪录。

近年来，由于使用了稀释制冷等一系列降温的新技术，科学家们在实验室里已经获得了0.0000001K的现代最低温度。这个超低温度意味着，它离绝对零度只差千万分之一开尔文了。千万分之一开尔文和绝对零度的差别是微乎其微的，如果再继续设法降温，是否就可以完全达到绝对零度呢？

针对这个问题，早在20世纪初，有些物理学家就根据热力学第三定律指出，用有限个过程使物体冷却到绝对零度是不可能的。

公元前300多年，我国战国时期著名学者庄周在《庄子·天下篇》中曾写道："一尺之棰，日取其半，万世不竭。"意思是说，一根一尺长的木棍，每天截去一半，过了一万年也截不完。

绝对零度可以无限接近，却永远不能到达！这就是几世纪以来，人们从对低温世界的探索中得出的科学结论。

第三篇　年轻有为的光学

一、最初的探讨

光学的诞生

　　和古老的力学比较起来，光学的发展历史就显得十分年轻了。

　　人类对光的研究，最初主要是试图回答像"人为什么能看见周围的物体"这样一类问题。在以前的许多书上，都以古希腊时期的哲学家欧几里得(公元前385—公元前323)对这一问题的回答作为世界光学知识的最早记录。

　　在欧几里得的著作中，他对光是这样认识的："我们假想光是以直线进行的，在线与线间还留出一些空隙来，光线自物体到人眼成为一锥体，锥顶在人眼，锥底在物体，只有被光线碰上的东西，才被我们看见，没有碰上的东西就看不见了。"这种描述说明当时的人们已经有了光是沿直线传播的这一正确认识，但同时也反映了对光的某些错误观点。他们认为人的视觉是眼睛里发出某种东西，接触到物体而引起的，即认为光线是从人眼发出去的。

　　显然，把这样的陈述作为光学的最早记录是欠妥当的。事实上，在比欧几里得的书早约百年的我国先秦时代的《墨经》（公元前470—公元前400）中，对光的几何性质已有了较全面的记载。

《墨经》是记载我国古代著名学者墨翟从事科技活动的主要著作。墨翟通过对光的长期观察，发现沿着密林中树叶的间隙射到地面的光线，形成了一束束射线状的光，从小窗进入屋里的阳光也是这样。大量生活中观测到的事实，使墨翟认识到，光是沿直线传播的。为了证明光的这一性质，墨翟和他的学生做了世界上第一个小孔成像的实验，并解释了小孔成倒像的原因。

在《墨经》中记载说："景[①]，光之人，煦若射；下者之人也高，高者之人也下。足蔽下光，故成景于上，首蔽上光，故成景于下。"这段文字，用通俗的话说就是，光向人照去，好像射箭一样，人的头部遮住了上面的光，成影在下边，人的足部遮住了下面的光，成影在上边。这样的结果，就形成了倒立的影。

从以上我们不难看出，关于光的直线传播这一认识，我们的祖先所说的要比欧几里得所说的更早，而且更有科学性。

到了宋朝，对小孔成像的认识又进了一步。沈括还从运动的位置关系来研究小孔成像的情况。

沈括在综合性的科学巨著《梦溪笔谈》中曾有这样的记载："若鸢飞空中，其影随鸢而移，或中间为窗隙所束，则影与鸢遂相违；鸢东则影西，鸢西则影东。"这几句是说，若空中飞着一只鸢（老鹰），它的影子也会跟着移动。如果在窗纸上开一小孔，则发现影的运动与鸢的运动相反，鸢飞向东，影向西移，鸢飞向西，影向东移。沈括的这一发现，在小孔成像的研究中，可以说是别具一格的。

在研究光的直线传播过程中，人们还发现，当光在前进方向上遇到有物体阻碍时，就会发生反射现象。我国远在周代就懂得了利用这种反射现

---

①景：影，物体的像。

象来取火。把青铜镜磨成光滑的凹面形,当太阳光经过它反射聚焦后就可以引着易燃物,这种用来取火的青铜凹面镜叫作"阳遂"。关于这点,《庄子》里面就记载有:"阳遂见日,燃而为火。"在古希腊和古罗马,也有与阳遂相类似的"点火镜"的记载。

利用光的反射原理,人们还揭开了月亮发光的秘密。

远古时代,人们对"月光是从哪里来的"这一问题,没有明确的认识,许多人都以为月亮本身是能够发光的。但是到了公元前400年左右,我国就有人知道了月亮本身是不发光的,它的光是日光照射在月面上所引起的反射光。后来战国时期的著作《周髀》里就明确指出:"日兆月,月光万生,则成明月。"到了宋代,沈括为了说明月光是日光照射反射的结果,曾做过一个圆球受光的实验。他用一个表面光洁的圆球代表月球,一半涂粉,表示月球受太阳光照射的一面。这样,侧视的时候,"粉处如钩";正视的时候,"则正圆",说明月的圆缺道理。

利用平面镜反射的原理,我国在公元前2世纪就有了世界上最早的潜望镜。汉代初期的《淮南万毕术》中,就有"取大镜高悬,置水盆于下,则见四邻矣"的记载。

关于平面镜成像规律的研究,在周代后期就已形成。《墨经》指出,平面镜成的像只有一个;像的形状、颜色、远近、正倒,都

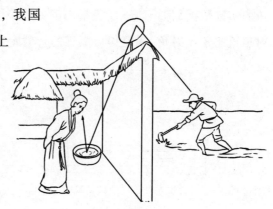

最早的潜望镜

全同于物体,并且物和像存在着对称关系。这几乎就是现代对平面镜成像规律的解释。

对于光的折射现象,人类认识的稍晚一些。公元2世纪时,古希腊著名的学者托勒密开始认识到,物体部分浸在水里时,会发生表面曲折的折

射现象。

托勒密还设计了一个简单的实验,定性地说明了光的折射。他把一枚硬币放在洗脸盆的底部,"假定眼睛的位置使得它所发射的光线①刚好通过洗脸盆的边缘到达比硬币略高的地点。然后让硬币保持原地不动,慢慢向盆里注水,直到从盆边射过去的光线向下弯曲刚好落到硬币上为止。结果是,原来看不到的物体现在顺着从眼睛通到物体真正位置上方一点的直线可以看到了。"

在定性实验的基础上,托勒密接着又进一步设计了光的折射的定量实验。他做了一个圆盘,围绕圆盘的中心有两根可转动的标尺——指针 A 和 B。托勒密把圆盘的一半浸入水中,然后转动水面上的标尺 A,使它看上去与水面下的标尺 B 的延长线相重合。然后将圆盘从水中取出,从而可以精确地测出入射角和折射角的数值。

尽管托勒密实验的指导思想是正确的,也得出了精确的入射角和折射角的实验数据,但由于他所测量的都是较小的角度,结果他错误地认为折射角正比于入射角,未能得出真正的折射定律。

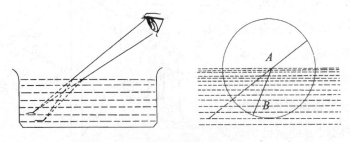

托勒密的实验

为了寻找折射定律的正确表达形式,从托勒密到奠定几何光学实验基础的开普勒,花费了 1000 多年的时间,都没能找到。直到 1621 年,折射定律的精确形式才由荷兰莱顿大学的数学教授斯涅尔所发现。他得出的折

①这一说法不对,眼睛并不发射光线,它只是接受光线,产生视觉。

射定律为：

$$\frac{\sin\alpha}{\sin\beta} = \frac{n_1}{n_2}$$

即入射角的正弦和折射角的正弦之比，等于它们的相对折射率之比。

折射定律的这一重要发现，打开了近代光学的大门，但斯涅尔当时并没有将这个定律公开发表，一直到 1637 年，才由笛卡儿将它公之于世。

透光镜和冰透镜

谈到光的反射和折射现象，我们不能不专门介绍一下我国古代两个重要的光学元件——透光镜和冰透镜。

先说说透光镜。

如果你有机会参观上海博物馆，就会看到在一间展览大厅里陈列着一面奇怪的古镜。这面奇怪的古镜，外形看上去跟古代其他的普通铜镜差不多，也是用青铜铸成的，正面磨得异常光洁平滑，可以照得见人；镜子的背面有一些精细的花纹，并刻有"见日之光天下大明"八个字。经过科学家们考证，这面古镜是距今 2000 多年前西汉时期制造的。

为什么说这是一面奇怪的古镜呢？因为对于普通的古镜来说，当以一束光线照到镜面，反射后投到墙壁上，应该是一个平淡无奇的圆形光亮区。奇怪的是，当这面西汉古镜的反射光线投在墙上，不仅是一个明亮的圆面，而且在这个光亮圆面中竟出现了镜背面上的"见日之光天下大明"八个字，甚至连同背面的精细花纹都"透"在那个光亮区中，清晰可见。明明是不透明的青铜镜，可是镜背面的图案文字竟"透"过镜子反射到了墙上，这实在是令人难以置信的事。

对于这个"透光镜之谜"，不但我国历代科学家都研究它，近代国外许多科学家也感到惊奇。欧洲和日本的科学家把这种透光镜称为"魔镜"，并曾加以仿制。

当然，我国古代的透光镜不仅仅只有上海博物馆所展示的一面，而且

089

制造最早的时间也不限于西汉。据文献资料记载，在宋代，沈括就珍藏有一面透光镜，这面透光镜背后的文字"极古"，以致连学识渊博的沈括自己也不认识。可见，这不是一般的文字，可能是先秦以前的东西。另外，在隋唐时期的小说《古镜记》中，叙述了这样一面古镜，将其"承日照之，则背上文画，墨入影内，纤毫无失"。这里说的显然就是透光镜了。

那么，透光镜是如何"透光"的呢？宋代的沈括用他研究的结果做了回答。他在《梦溪笔谈》里这样写道："世上有一种透光镜，把镜子放在日光下，背面的花纹和20个字都透射在屋壁上，很清楚。有人解释说，由于铸镜时薄的地方先冷，背面有花纹的地方比较厚，冷得较慢，铜收缩得多一些，因此，文字虽在背面，镜的正面也隐约有些痕迹，在光线下就会显现出来。我考察了一下，认为这个说法是对的。我家有三面这样的镜子，我又看了别家收藏的，都是一样，花纹名字丝毫没有差异，样式很古，唯有这种镜子能够透光，其他一些镜子，即使是薄的，也不能透光，想必古人另有制造的方法。"

这里，沈括将他对透光镜的观察分析记载得十分详细，但最重要的是"文虽在背，而鉴面隐然有迹"这句话，它道出了透光镜"透光"的秘密。在正常情况下，镜面只是"隐然有迹"，我们肉眼难以察觉，看上去仍然光亮照人。当它反射光线时，由于光路的放大作用，原来隐藏在镜面的花纹文字在屏幕上显现出来了。这个道理，清代物理学家郑复光也做过十分贴切的说明。他指出，静止的水面是很平的，但经它反射的光线投到墙壁上，也看到有点动荡，因为水面实际上存在起伏的波纹。这个说明既简单明了，又形象确切。

为了验证沈括对透光镜的解释是否具有科学性，1975年，上海博物馆的有关专家在复旦大学光学系的帮助下，曾运用X射线荧光分析、激光干涉法等现代的实验手段，对西汉古镜进行了综合研究。研究结果证明，透光镜看上去似乎很光滑，其实有很微小的起伏，这些起伏构成的图案同背面竟是一一对应的。这样，光线经过镜面反射时，难怪会出现与背面花纹文字完全相同的图案,使我们产生光透射过铜镜的错觉。

接着需要解决的是,早在2000多年前,古人是采用什么样的工艺技术在青铜镜面"刻"出肉眼看不见的图案的呢?

根据《梦溪笔谈》中沈括的提示,科学工作者推测古人用的是一种叫快速冷却的加工方法。即把加热后的青铜镜立即投入到冷水中,利用镜面厚薄不同,存在着冷却差异,使镜子的正面隐显出与背面相对应的凹凸图案来。按照这样的方法,我国科学家和日本及欧洲的一些学者,曾先后仿制出了同西汉古镜完全一样的透光镜,使这种失传了1000年左右的制作技艺又重放光辉。

另一方面,许多透光镜在地下埋了一两千年,却依然没有一点儿绿锈,花饰、铭文清晰可见,其原因曾是世界上一个重要的学术悬案。

从1981年开始,中国科学院自然科学史研究所的研究人员,运用现代技术手段,对透光镜的合金成分、金相组织、晶体结构、表面成分及耐蚀力等进行了深入研究,终于得出结论,我国古代透光镜之所以历经千年不锈不蚀,是因为其表面涂敷了一层锡汞剂。

除了透光镜之外,冰透镜的应用也是我们祖先的一个创举。

我国古代没有玻璃,对于透镜的知识比较缺乏,但是具有聪明才智的我国古代人民,通过一些特殊的方法,还是认识到凸透镜的聚焦现象,而且在世界上开创了用冰制造透镜来点火的奇迹。

距今1600多年前,晋代学者张华在《博物志》中写道:"削冰命圆,举以向日,以艾承其影,则得火。"这里"冰"就是指的冰透镜,"艾"就是指的引火物——艾绒。

有许多人怀疑这个实验能否做成功,因为冰在阳光下可能融化。在我国清朝的时候,有一些人拿这个问题去请教当时著名的科学家郑复光,郑复光开始也有些怀疑,后来他亲自动手用实验解答了这个问题。通过几次实验,他想到了一个好办法:用一个壶底微微向里凹的锡茶壶,里面装上热水,放在冰块上旋转,把冰块熨成两个光滑的凸面,这样就做成了一个较大

091

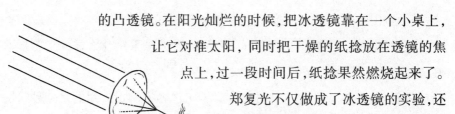

冰透镜

的凸透镜。在阳光灿烂的时候，把冰透镜靠在一个小桌上，让它对准太阳，同时把干燥的纸捻放在透镜的焦点上，过一段时间后，纸捻果然燃烧起来了。

郑复光不仅做成了冰透镜的实验，还写了实验报告，详细地记录了冰透镜的制法、焦距及直径的大小、实验的步骤、原理和注意事项，这些记录现在还有参考价值。

在欧洲，最早出现做冰透镜实验的记录是17世纪。英国著名实验科学家胡克，曾在英国皇家学会表演过冰透镜引火的实验，当时不少科学界的头面人物都在饶有兴味地注视着胡克的奇妙表演。何曾想到，我们的祖先早在1000多年前就做过这样的实验。

关于阿基米德的一个传说

阿基米德是古希腊时期著名的学者。由于他所处的时代还是奴隶社会，文化很不发达，纸张也还没有出现，因此阿基米德的许多科学活动都是靠传说流传下来的。

在众多的传说中，有些是很有科学价值的，例如阿基米德受命鉴定王冠真假，从而发现了浮力定律的故事。但是，有些传说在科学性上就很值得推敲。比如，相传有一次船工们在海岸边修好了一艘大船，由于船太重，无法把它送下水，于是人们就来找阿基米德，想请他帮忙解决。阿基米德用几天时间指挥人们做好了一个带滑轮的机械装置，然后将这套装置安在一个很长的圆木吊臂上。阿基米德轻轻地拉动吊臂一头的绳子，那艘大船就乖乖地被吊起来放入了大海。这个故事的真实性是很令人怀疑的，因为根据当时的科技水平，还不可能有这样高效率的省力机械出现。就是在今天，我们用一套滑轮组和一个大吊杆，一个人也很难吊起像传说中所说的那样一艘大木船。

在光学方面，也流传着一个有趣的阿基米德传说。

相传距今 2000 多年前，古罗马军队的一支舰队前来侵犯阿基米德的故乡，位于地中海西西里岛上的叙拉古国。为了不让敌人的船只靠近海岸，阿基米德想出了一个巧妙的办法。他把全城的妇女都召集起来，命令她们每人手执一面镜子，站在叙拉古港口的台阶上，然后指挥她们用镜子反射太阳光，让反射出去的太阳光集中在罗马舰队船帆的一点上。很快，船帆被点着了，接着又烧着了桅杆，以至蔓延到全船。就这样，阿基米德指挥妇女们烧着了一艘又一艘战船，最后逼得罗马军队的统帅不得不下令撤退。

围绕着阿基米德的这个传说，历史上曾有过一番争论。有些人认为这个传说是可信的，因为我们既然能用一面镜子点燃近处的艾绒，那么用许多面镜子也可以点燃远处的船帆。但是，一些历史学家却提出了这样的疑问：如果阿基米德使用的是能聚光点火的凸透镜，古希腊人当时会制造玻璃吗？如果阿基米德使用的是能反光的镜子，古希腊人当时会制造镜子吗？

历史学家们最后的回答是："不能！"

对于历史学家们的结论，自然科学家们不敢轻易相信，他们从另外一个角度来考证这个传说，那就是要让实验来说话。

1747 年的一天，在法国首都巴黎一座很大的私人花园里，科学家布封正在做着一个富有历史意义的实验。布封是想按照火烧战船这个传说的内容，自己设计一个类似的实验，来验证阿基米德利用太阳光在远处点火的事，究竟能不能实现。

布封的实验规模很大。他做了 360 面边长均为 15 厘米的正方形镜子，把它们围成一个抛物形状的大反射镜，使从这些镜面上反射出去的太阳光，都集中在距离 70 米远的一堆干柴上。

这一天，天气晴朗，阳光充足，镜面上反射出去的光经过调整，最后都集中在干柴堆的尖子上。随着时间一分一分地过去，干柴开始发出了吱吱的响声，继而又冒起一小缕黑烟，一阵微风吹过，一朵小火苗终于跳了出来，干柴堆果真被反射过来的太阳光点燃了。

根据这个实验结果，是否能够说明阿基米德的传说是确有其事呢？

科学家根据布封的实验结果，进行详细的计算，最后得出结论说，要想能够烧着哪怕距离只在 1 千米远的船帆，必须有 1 000 面直径为 10 米的大镜子才行，在古希腊不可能有这么大的镜子。那么如果用直径 10 厘米的铜镜的话，要想达到烧着罗马舰船的目的，阿基米德必须指挥 1 000 万个手拿镜子的妇女，而这是绝对办不到的。

因此，除了历史学家的考证以外，科学家们还用实验证明，关于阿基米德的这段传说，在原理上是成立的，但是在实际上行不通。尽管如此，退一步来说，单就编造这个传说的本身，它所反映出来的智慧也是富有创造性的。

光速测定始末

光线传播究竟需不需要时间？对于这个问题，我们今天已经有了肯定的答复，在真空中光每秒传播 30 万千米，这已经是人们生活中的常识了。可是在 17 世纪以前，人们对这个问题的认识却是模糊不清的。

人们在生活中总有这种感觉，一个物体不论距离多远，只要它一发光立刻就可以看到它。所以当时有许多学者认为，光速是一个无限大的量，光的传播不需要时间；也有些学者持不同的态度，认为光传播应该需要时间。但是双方都拿不出有力的证据来说服对方。

1607 年，意大利的物理学家伽利略曾经试图通过一项实验测出光的传播速度，从而想证明光传播需要时间。

伽利略的实验是这样的：在一个漆黑的夜晚，他让两个助手站在相距 1.5 千米的两个山头上，每人手里提一个带有活动遮盖的灯笼。开始双方都放下灯笼的遮盖，互相都看不见对面的灯光，在某一时刻，第一个人先打开灯笼盖，同时开始计时；第二个人看到对面山头的灯光后，立即也打开自己的灯笼盖。第一个人看到对方的回答灯光信号后马上停止计时，于是第一个人测出了在他打开灯笼盖和看到第二个人的回答灯光之间的时间。这个时间就是光线从一个山头传到另一个山头再返回所花费的时间。

有了这个时间，又知道光来回传播所经过的路程（2 × 1.5 千米），于是就可以根据公式：速度 = $\dfrac{路程}{时间}$，很容易算出光传播速度的大小。

伽利略设计的这个实验理论上完全正确，可是实验中测出的光速值却是错误的，原因是实验中的误差太大。前面我们曾讲到，光的传播速度是每秒 30 万千米。伽利略做实验利用的两个山头相距 1.5 千米，光来回一趟实际上只需十万分之一秒；而人从看到对面山头的灯光到打开灯笼遮盖，最快反应的人也需要百分之一秒时间，这个时间也被算到光传播的时间里面去了，当然实验测得的光速值与实际光速值相差很远。

继这次失败之后，伽利略又对他原来设计的实验进行了改进。他让第一个助手拿一个带遮盖的灯站在 A 山头上，让第二个助手拿一面大平面镜站在 B 山头上。这次实验过程基本和前次相同，只是用大平面镜直接反射光代替了原来的人工操作回答光信号，免去了中间那道容易产生误差的环节。从理论上讲，这次改进后的实验应该是成功的，但是结果仍然失败了。原因是第一个人从发出灯光开始计时，到看到大平面镜反射回来的灯光再停止计时，这中间还是有百分之零点五秒至百分之一秒的反应误差，得到的计算结果仍然与实际光速相差很远。

在这次实验之后，又过了几十年时间，丹麦物理学家罗默终于用天文观测的方法，第一个证明了光是以有限速度传播的。

1676 年前后，罗默在巴黎天文台从事木星的卫星食的观测工作。在长期的观测研究中，罗默发现，当地球在椭圆轨道上迎向和背向木星运动时，木星上连续两次卫星食相隔的时间不同。地球背向木星运动时，两次卫星食相隔的时间，比地球迎向木星运行时要多 35 分钟。罗默指出，这个误差是由于光通过地球运行轨道的直径需要花费时间引起的，从而证明了光线传播的速度是有限的。

罗默还具体计算出了光速传播的数值为每秒 22.5 万千米，这个数值虽然不算很准确，但罗默的设想和方法却是十分正确的。后来人们用罗默的方法又进行了精确的测量,得到光速为 299 800 千米/秒,这和现在的数值已十分接近了。

在罗默实验 100 多年后,法国科学家斐索又首次通过地面实验测定了光速。

1849 年,斐索设计了一个"劈开光束"的巧妙实验。他让一束光先通过某两个相邻齿轮之间的空隙,经过远处的反射镜反射之后,再让这束光通过下一个空隙返回到观察镜里来。将光束在紧挨的两个齿隙之间来回所花的时间,去除齿轮对反射镜的距离,就能求得光速值。后来,斐索求得的光速值为 315 300 千米/秒。斐索关于劈开光束的巧妙设计,为以后在地面上用实验方法更精确地测定光速奠定了基础,在这之后,不少科学家先后用各种实验方法,试图测出更精确的光速值。

1923 年,德国出生的美籍物理学家艾伯特·迈克尔逊,在加利福尼亚州两个相距 37 千米的山头之间测量光速。他使用一面特制的八棱旋转镜沿这个距离来回反射。1933 年公布了他测得的最佳数值是 299 766 千米/秒,这个数值已相当准确,比光速的实际值每秒只慢了十几千米。

到了 20 世纪 60 年代初期,科学家们拥有了一种新的工具——激光器。激光器能产生光波波长全部都相等的光,利用这种良好的性能,科学家们又设计了一种测光速的实验。

这个实验的过程很简单,先精确地测定某种光波的波长,然后再利用原子钟准确测出每秒钟产生多少波,每个波的长度乘以每秒产生的波数,所得的积就是每秒钟光束行走的距离——光速。用这样的方法测得的光速值为 299 792 456.2 米/秒,这是目前国际上公认的标准光速值。但是,为了方便起见,在一般要求不太严格的情况下,我们都说光速是每秒 30 万千米。

按地球上的标准来看,光的传播速度是非常快的。它一秒钟可以围绕地球跑七圈半,月亮上的光经过遥远的空间传到我们地球上来,也只需 1.27 秒。但是,按整个宇宙的规模来看,光的传播速度又简直像是在爬行:光从太阳传到地球上来,需要 8 分 20 秒;而光从我们最大的射电天文望远镜中所看得见的最远星体上传到地球,必须要走 12 亿年。也就是说,我们从望远镜中看到的最远星体的光,是从 12 亿年以前发出的,而那时地球上还没有人类,很可能甚至连地球都还没形成呢,这实在太有趣了。

二、敞开光学的窗户

揭开太阳光的秘密

很早以前,人们认为太阳光是最简单的白光,没有什么秘密可言。

后来随着对自然界的逐步了解,人们开始认识到太阳光并不是原来想象的那么简单。比如,水晶石是从地下开采出来的一种宝石,开始,这种水晶石看起来是无色透明的,但把它们磨制成带有各种棱角的装饰品,放到太阳光下观赏时,它们往往闪耀着五彩缤纷的光芒,显得光彩夺目。这美丽的颜色,又是从哪里来的呢?

无色透明的水晶石,在白色的太阳光照射下,怎么会变得五颜六色呢?长期以来,这些问题吸引着许多科学家,他们进行了无数次观察,花费了许多时间去思考,并且提出各种假想,但始终没有获得令人满意的答案。

这个问题最后终于由牛顿富有独创性的研究而获得了解决。

1666 年,牛顿在剑桥大学学习期间,由于伦敦及附近许多地区流行鼠疫,不少人由此而丧生,学校被迫停课关门。牛顿只好回到他的故乡伍尔索浦。

他在故乡一住就是两年。在这两年的时间里,牛顿进入了他一生中最富有创造成果的高潮时期,除了我们在前面介绍的发现了万有引力定律之外,他还总结归纳了数学上的二项式定理。在光学方面,牛顿也进行了卓有成效的研究。

早在 1664 年,牛顿就发现太阳光在通过某种透明体发生折射时,伴随着会出现一些彩色光带,但牛顿当时对这种现象没有深入研究。

借在故乡闲居的日子,牛顿又想起了两年前的这个课题。于是,一连许多天,牛顿都把自己关在家中楼上那间小房里,研究太阳光的组成和颜色产生的原因。他用上大学时自己磨制的一只玻璃三棱镜为主要工具,进行了各种各样分析太阳光的实验。

在一次实验中,牛顿把其他光线都遮住,只让一束太阳光照射在三棱镜上,突然奇迹出现了!在对面的墙上,竟出现了像雨后彩虹一样的彩带。这条彩带自下而上由红、橙、黄、绿、蓝、靛、紫七种色光组成,看上去非常美丽。

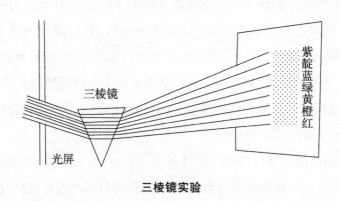

三棱镜实验

关于这次实验,牛顿后来在他的《关于光和色的新理论》这篇著作中写道:"我在 1666 年初,做了一个三角形的玻璃棱镜,利用它研究色光的现象。为了这个目的,我把房间弄成漆黑的,在窗户上做一个小孔,让适量的阳光射进来,我又把棱镜放在光的入口处,使光能够折射到对面墙上去。当我第一次看见由此而产生的鲜明而强烈的颜色时,我感到极大的愉快。"

牛顿并没有被这"极大的愉快"冲昏头脑。因为当时对这个实验还可以有另一种解释,即认为白光通过棱镜后之所以变成依次排列的各种光,并不是白光本身具有复杂成分的缘故,而是白光与棱镜相互作用的结果。

为此,牛顿又设计了另一个实验。他在第一只三棱镜分解出来的某种色光后面再放上第二只三棱镜。他设想:若白光通过棱镜变成各种颜色的光是由于白光与棱镜相互作用的结果,那么,第二只三棱镜还会与这些光再发生作用而改变这种色光的颜色。但实验表明,第二只三棱镜只是将某种色光偏转一定角度,并不改变光的颜色。

经过以上一系列的研究之后,牛顿对太阳光的组成下了这样的结论:"太阳光看上去是白色的,实际上,它是由从红到紫的七种不同颜色的光聚集而成的。每一种颜色的光,通过三棱镜折射,其折射角度各不相同。这些红、黄、蓝等颜色的光,同时映进人的眼里,自然人就看到是白色的光。"

当牛顿的这一重大发现在英国皇家学会的例会上宣布时,引起了轩然大波。按照牛顿的见解,平时最常见的阳光(白光)是一种成分复杂的光,而色彩鲜艳的光却是不能再分解的简单的光。而人们平时生活中的感觉恰好跟这相反,大多数人认为白光是最简单的,而色光是较复杂的。

为了使大家在科学事实面前心悦诚服,他又当众表演了两个很有说服力的实验。

首先,他做了把七色光还原成白光的实验。

牛顿准备了两只质地相同、大小一样的三棱镜。当一束太阳光经过第一只三棱镜后,在光屏上就可以看到分解以后的七色光形成的彩色条纹。然后,再在第一只三棱镜后面倒着放入第二只三棱镜,适当调整光屏的位置,就会看到七色光经过第二只三棱镜折射以后,又还原成了一片白光。

接着,牛顿又进一步做了第二个实验。

把一块圆板分成七等分,分别涂上红、橙、黄、绿、蓝、靛、紫七种颜色。然后飞快地转动这块圆板,圆板上的颜色顿时消失了,整个圆板看上去竟是白色的。

这是什么原因呢?牛顿解释说:从圆板涂上红颜色的地方射出的光映

入眼里,使视神经有红的感觉;从涂黄颜色的地方射出来的光,有黄的感觉。这样,当涂有各种颜色的圆板很快转动时,红、橙……紫各种颜色就相继出现在视神经上,由于眼睛的视觉暂留作用,我们最后看到的是这七种色光掺杂在一起的复合光——白光。

太阳光的组成正是这样。在平常情况下,我们被阳光白色的外表所蒙骗,但是在三棱镜面前,白光中不同颜色的光由于波长各不相同,在通过三棱镜时就会有不同程度的折射,所以我们才真正看清了太阳光五颜六色的面容。

奇妙的光谱分析术

17世纪60年代,当牛顿用三棱镜成功地将太阳光分解为七色光以后,曾有人做过这样的预言:"太阳光虽然可以分解,可是对人类来说,太阳内部的物质组成将永远是个谜。"

这个预言初听起来似乎很有道理:太阳是个炽热的大火球,人类根本不可能接近它,也就无法探知被那四射的光芒所遮盖着的秘密了。

但是,科学的力量是巨大无比的。经过一段不太长的时间以后,人们不仅用科学方法准确地知道太阳内部的物质组成,而且还知道比太阳遥远得多的其他星体内部的物质组成。科学家所使用的方法叫光谱分析法。

光谱分析法是物理学发展中一个重要的成果,它的产生经历了一段不平凡的过程。

早在18世纪,当人们对物质的构造认识还很模糊的时候,俄国的科学家罗蒙诺索夫凭着他那伟大的领悟力,在实验笔记中写下了这样一段话:

"把几种物质掺和在一起并点燃,当产生各种各样的颜色时,可以用灵敏的光学仪器把它们查出来。"

由于条件的限制,罗蒙诺索夫没能用实验证明他的这个设想,但是他毕竟是首次预言:物质的性质和它燃烧时火焰的颜色两者之间,存在着某种神秘的关系。

到了 19 世纪中叶，德国有两位很要好的朋友——化学家本生和物理学家基尔霍夫，他俩把学识、技能结合在一起，建立了用光谱分析研究物质性质的方法，取得了一系列十分惊人的发现。

1854 年，本生由于进行化学研究的需要，发明了一种以他的名字命名的新式瓦斯灯——本生灯。这是一种十分简单而又便利的灯，它在点燃的时候没有熏烟产生，而且火焰没有颜色，大小也可以随意调节。本生经常利用它做各种实验。

有一次，本生用一根白金丝，把许多不同的物质分别送进火焰。结果呢？无色的瓦斯灯焰竟染上了种种美丽夺目的颜色，变得像节日的彩灯一样。

将一小粒锶盐放在本生灯上燃烧，竟使火焰呈现出明亮的紫红色；一点金属钙燃烧，火焰呈砖红色；一撮金属钠燃烧，火焰呈明亮的黄色；一块金属钡燃烧，火焰呈绿色。

很久以来，不少物理学家和化学家都在尝试着凭借火焰的颜色来认识物质的组成，但都没有获得成功。因为他们实验用的是酒精灯，而酒精灯的灯焰本身就有颜色。在本生灯的无色火焰里，物质本身的颜色可以十分鲜明地呈现出来。

这时，在本生看来，自己找到了一种非常简单的鉴别物质的方法——只消把一小粒物质送进灯焰里，根据所放光的颜色，立刻就能知道这物质里含有什么元素。

实际上，事情并不是本生想象的那么简单容易。因为一种待分析的物质，常常含有好几种不同的元素，放在本生灯上燃烧时，几种不同的元素都会发出各自特有的颜色，几种颜色混合在一起，结果使你什么也分不清。

怎样才能把混合的颜色分开呢？

作为物理学家，基尔霍夫这时充分发挥了他的特长。他受牛顿在研究太阳光时用三棱镜把太阳光分解成赤、橙、黄、绿、蓝、靛、紫七种颜色的启示，联想到：能不能通过某种仪器，将这些混合的颜色区分开来呢？

101

于是,基尔霍夫和化学家本生配合,决心自己动手试制这种仪器。他们找来了一些简单必要的器材,例如旧望远镜筒、小镜片、三棱镜,甚至连雪茄烟的烟盒都派上用场。不久以后,他们用以上这些很平常的东西,制成了一种完善精密的观测仪器——分光镜。用这种分光镜,可以很有效地将各种物质的光谱鉴别出来。

开始,他们把金属锂和金属锶放在本生灯上燃烧,火焰均呈相同的深红色。而采用分光镜进一步观察这些火焰时,情况就不同了。他们发现,金属锂燃烧后产生一条明亮的红线和一条较暗的橙线,而金属锶却呈现一条明亮的蓝线和几条暗红线。在分光镜面前,锂和锶被揭开了呈相同深红色的面纱,露出了各自本来的面目。

初步实验的胜利,使基尔霍夫和本生欣喜不已。他们找来更多的物质放在本生灯上使它燃烧,然后通过分光镜进行观察,得到:钠的光谱是两条明亮的黄线,钾的光谱是一条突出的紫线,铯的光谱是两条浅蓝色的光线,等等。最后,他们得出结论,像每个人都有自己独特的指纹一样,任何元素都有它们独自特有的光谱条纹。

基尔霍夫和本生还发现,这些光谱另一个显著的特点是,它们各自谱线条纹的相对位置,以及色调与亮度,都是十分稳定的。根据这一点,就可以将已经查清的所有已知元素的光谱条纹,汇编成一份光谱表,那么,在需要鉴别某种元素时,只要将它形成的光谱在光谱表上对号入座,就能很轻易地鉴别出是哪种元素了。这样的方法叫光谱分析法。

光谱分析法鉴别元素的灵敏度很高,一个物体中哪怕只含有几百万分之一克,甚至是几十亿分之一克的微量元素,它都能分析出来。

开始,基尔霍夫和本生利用分光镜和光谱表这两件得心应手的武器,从茶叶、牛奶、烟草、石块、矿泉水等大量身边的物品里猎取它们所含的元素成分。一种平常看来很简单的物质,却隐藏着许许多多能发出各种各样美丽条纹的元素,这太有趣了。

可是,经过一段时间后,仅仅研究身边和地球上的物质组成,已经满足不了基尔霍夫和本生强烈的探索欲望了,他们把研究的目标从地球移向了宇宙。基尔霍夫提出,既然我们可以对地球上的物质进行光谱分析,为什么不可以用太阳光谱来分析太阳的物质组成呢?

这的确是一种大胆创新的想法,居然要像分析地球上的矿物或土地一样,分析太阳和其他星球。初看起来,这几乎是不可思议的。要知道,太阳离地球有 1 亿 5000 万千米之遥,而且是一个无法接近的巨大火球。可是,实现以上想法的具体步骤再简单不过了,基尔霍夫和本生把分光镜的镜头只轻轻调转了几十度,就从地球移向太阳和其他星球。

在一个不长的时间里,基尔霍夫和本生很快查明,太阳上含有铁、钠、铜、铅、锡、氢、钾等总共 60 多种元素,说明太阳也有我们地球所具有的最平凡的物质。从此,太阳在人类的心目中,就失去了它的大部分神秘性。

光是粒子还是波

自从光学这门科学产生以来,人们就提出了这样的问题:光究竟是什么东西,它的本质是什么,又是如何传播的呢?

长期以来,围绕着对光的本性问题的认识,一直存在着多种不同的看法。到了 17 世纪末,这些不同的看法逐渐演变形成两种完全对立的学说。一种叫光的微粒说,提出这种学说的是经典物理学的创始人——科学巨匠牛顿;另一种学说叫光的波动说,它是由荷兰的物理学家惠更斯提出来的。

牛顿在他所写的科学史上第一部完整的光学著作——《光学》中,系统地提出了微粒说。他认为,光是由发光体上发射出来的一种很小的弹性粒子流,这些组成光的弹性微粒,在均匀介质中以一定的速度沿直线传播。这些光的微粒进入人的眼睛,冲击视网膜,从而引起了人的视觉。

事实上,对于几何光学来说,当时提出微粒说,把光看成是一种特殊的微粒流,是很自然的。这一理论对当时那个时代所能够认识到的许多光现象,都给予了圆满的解释。比如它就很好地解释光的直线传播、光的反射、光的折射等现象。

而以惠更斯为代表的波动说则认为,发光体在它周围的空间里会引起弹性振动,光就是这种振动在空间的传播所形成的波——光波,光波的传播速度就是光速。在 1678 年写成的《光论》一书中,惠更斯进一步指出,光和声的传播有某些相似性。在均匀的介质中,光波是以一定的速度传播的,而在不同介质的分界面上,光波就可以发生反射和折射,光在从较疏的介质进入较密的透明介质时,传播速度要减慢一些。

光的波动说,同样能很好地解释当时所发现的一些光现象。从波动说出发,惠更斯还推出了反射定律和折射定律。但是,惠更斯虽然提出了光的波动说,却没有指出光现象的周期性。在描述波动的基本要素中,惠更斯没有提出波长的概念,更没有指出光波波长极短这一点。因此,波动说在解释光的直线传播时,显得很勉强。

光的微粒说和波动说尽管可以解释一些相同的光现象,但是它们所持的理论和各自解释问题的出发点不同,因而形成了两种完全对立的观点。由于微粒说简单直观,能够解释的事实更多一些,容易被人们接受,而惠更斯的波动说比较粗糙,理论上还不成熟;同时也由于牛顿当时在物理学界的权威地位,许多人对他很盲从。因此,微粒说和波动说在关于光的本性的论战中,微粒说赢得了优势,并在整个 18 世纪取得了统治地位。

牛顿去世后的近百年时间里,光的微粒说盛极一时,而波动说则奄奄一息,几乎被人们遗忘。就整个光学的发展来说,这段时期内没有取得大的进展。

直到 19 世纪初,英国的物理学家托马斯·杨做了一个著名的光的双缝干涉实验,这个实验的结果对牛顿的微粒说提出了严重的挑战。提出这一挑战的托马斯·杨曾说过:"尽管我仰慕牛顿的大名,但是我并不就认为他是百无一失的。我遗憾地看到他也会弄错,而他的权威也许有时甚至阻碍了科学的进步。"

托马斯·杨的双缝干涉实验过程是:在一间暗室里,取甲、乙、丙三块光屏,在甲屏中央开一小狭缝,乙屏中部开两个离得很近的小狭缝,三块光屏如图那样放置着。让太阳光通过甲屏狭缝,照射到乙屏的两个狭缝上,按照光的微粒说,光通过乙屏的两个狭缝后,这时应该在丙屏上形成两条明亮的竖直条纹。而实验的结果是,丙屏上出现了一系列明暗交替的彩色条纹,托马斯·杨把这种现象叫作光的干涉现象。

对于光的干涉现象,微粒说根本无法解释;而波动说却可以圆满地解释它。按照光的波动理论,两个具有相同频率、振动方向一致和相位差恒定的光波在空间相遇时,位相相同的地方光就会加强,位相相反的地方光则会减弱,这样就产生了明暗交替的干涉条纹。

光的双缝干涉实验的成功,证明了光确实是一种波,这使得在光的本性的论战中,波动说得以东山再起,又开始活跃在光学的舞台上。

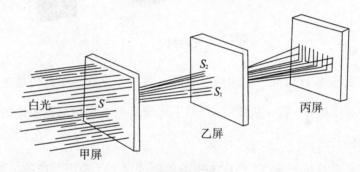

光的双缝干涉

继光的双缝干涉实验不久,法国的工程师菲涅耳又成功地进行了光的衍射实验,给了微粒说第二次沉重的打击。

菲涅耳进行的光的衍射实验非常有趣。他先让一束光通过一个较大的圆孔,那么在后面的光屏上,就形成了一个更大的明亮圆斑。然后他又逐步缩小圆孔的直径,光屏上的圆斑也随着变小。但是当圆孔的直径小到10微米左右,可以和光波的波长相比拟时,这时在光屏上出现的不是一个光亮点,而是一系列向外扩展的明暗相间的同心圆环。菲涅耳把这种光绕过小圆孔的边缘向外扩展传播的现象,叫作光的衍射。

显然,微粒说无法解释光的衍射现象。

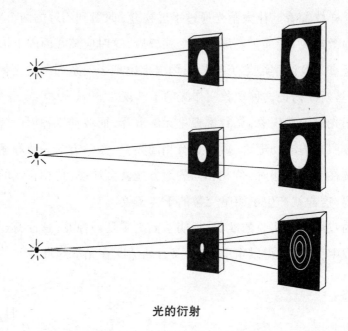

光的衍射

特别是在1850年,法国科学家傅科测定了光在水里的传播速度是在空气中速度的$\frac{3}{4}$。这一实验结果,给了本来已处于摇摇欲坠地位的微粒说以致命的打击。

按照微粒说的观点,光在水中的传播速度大于在空气中的传播速度;而波动说则相反,认为光在水中的传播速度小于在空气中的传播速度。傅科的实验,使微粒说不能自圆其说,而和波动说的推论完全一致。

接二连三的实验事实,一次次暴露了微粒说的缺陷和错误,使它的地位一落千丈;相反,以前不受人重视的波动说,却在这些新的实验考验面前应付自如,令人刮目相看。

到了19世纪50年代,经过几个回合的较量,波动说战胜了微粒说,在光学领域占据了统治地位。

可是好景不长,这场争论又出现戏剧性的变化。微粒说抓住波动说理论上的一个漏洞,给波动说出了一道难题。

按照波动说的观点，认为光是以波的形式在一种叫作"以太"的弹性介质中传播的。什么是"以太"呢？波动说进一步阐述，因为光是无孔不入的，光不仅能在空气、水以及一切透明物质中通过，还能在没有分子原子的真空中畅通无阻，所以"以太"弥漫在整个宇宙空间。人们为什么感觉不到"以太"在我们周围存在呢？波动说认为，"以太"的密度非常小，稀薄到很难被人察觉的程度。

而持微粒说的学者则完全否认"以太"的存在，因为谁也没有在日常生活中，或者用实验的方法观察到丝毫"以太"的痕迹。因此，验证"以太"的存在，成了波动说至关重要的课题。

于是，许多科学家在发现和寻找"以太"上做了大量的工作。美国物理学家迈克尔逊和莫雷两人，还利用当时最精密的仪器，设计了精巧的实验，结果都没有找到"以太"。由于"以太"的虚无性，人们对波动说的理论又打上了一个大问号。

正当波动说面对着"以太"这个难以克服的困难时，英国物理学家麦克斯韦根据他的电磁理论，提出了光的电磁学说。

麦克斯韦提出，光现象实质上是一种电磁现象，光波本身就是一种波长很短、频率很大的电磁波。按照这一理论，电磁波的传播是不需要什么弹性介质的，当然"以太"的概念就可以抛弃了。

到此为止，微粒说和波动说围绕光的本性的问题，已经争论了几百年，到底谁是谁非呢？一时很难做出决断，因为两种学说各有自己的长处和弱点。微粒说能很好地解释光的直线传播、折射和反射，而波动说解释光的干涉和衍射又非他莫属。

1905 年，德国伟大的物理学家爱因斯坦，提出了关于光本性的新理论——光子说。按照爱因斯坦的光量子理论，他既发展了牛顿的微粒说，又没有抛弃惠更斯的波动说，而是把两种学说巧妙地结合在一起，终于使这场旷日持久论战的双方握手言欢。

在光量子的理论中，爱因斯坦对光的本质做了大胆的科学解释。他认为，物体所发出的光，是由组成这种物体的分子或原子所发射出去的微观粒子形成的，这些微观粒子被称为光子或光量子。在光传播的过程中，它主要呈现出波动性；但在光和其他物质发生相互作用时，它又表现出微粒性。爱因斯坦把光的这种奇特的性质称为光的波粒二重性。

光的波粒二重性，充分反映了自然界的对立统一规律，它能够圆满地解决到目前为止光学上的所有问题，是现今对光的本性的最科学的结论，因此得到了各国科学家普遍的承认。

温度计的妙用

1666 年，牛顿用三棱镜成功地做了光的色散实验以后，人们对太阳光的认识进了一大步，知道太阳光可以分解为红、橙、黄、绿、蓝、靛、紫七色光。

接着，人们从太阳光携带着巨大的热能这一角度出发，想深入探讨这七色光中，哪一种色光能产生更多的热量。1800 年，德国物理天文学家赫歇耳就围绕这个问题进行了一些研究。

开始，赫歇耳找了许多具有不同颜色的暗玻璃，发现当太阳光透过它们的时候，经过暗红色玻璃透射出来的色光，即使光的亮度比较弱，也能引起皮肤的热感，而经过其他颜色的玻璃透射出来的色光，尽管光的亮度比较强，皮肤却没有什么热的感觉。

独具慧眼的赫歇耳紧紧抓住这个奇怪的现象不放，他接着又设计了一个构思巧妙的实验。他让太阳光通过一个较大的三棱镜，在白纸屏上就得到了七色光谱彩带。他再将七支相同的灵敏温度计分别放在七个色光区里，观察每支温度计如何指示。赫歇耳怕这样的观察不够完全，又在红光和紫光的色光区外，各放一支温度计。

当时，在其他人看来，后来加上去的两支温度计完全是多余的，因为在红光和紫光外面，并没看见有任何色光。而实验态度严谨的赫歇耳这"多余"的举动，却成了整个实验成功的关键。

在太阳光的照射下，不一会儿，温度计上的水银柱在慢慢地上升，过一段时间待温度稳定下来后,赫歇耳上前去仔细观察着实验结果,发现各支温度计显示的读数有很大的差别。九支温度计中,红光区的升温5℃,绿光区的升温3℃,紫光区的升温2℃,紫光区外的那支温度计没有什么变化。特别令人奇怪的是,红光区外的那支温度计没有可见光照射,温度却明显地升高了7℃。

开始,赫歇耳以为是温度计出了毛病,经过重新更换温度计进行实验,结果仍然一样。

这个意外的发现使赫歇耳认识到,以前对太阳光成分的了解是不全面的,实际的太阳光谱一定比已经看到的七色光谱带更宽。也就是说,在红色光区的外边,一定还存在着我们肉眼看不见的某种光线,而且这种光线携带着很大的热能。

赫歇耳经过多次重复的试验,终于发现这种在可见光区域外的红外辐射的存在,他把它叫作红外线。他还成功地证明,不论这种红外线来自太阳还是地球,它们都像可见光一样,遵循反射定律和折射定律。

继赫歇耳之后,又有一些科学家对红外线进行了系统地研究,从而对红外线的性质有了全面的了解。他们测出红外线的波长范围为 7 700 ~ 3 000 000 埃①,按照波长范围的不同,又把它分为近红外、中红外和远红外三种。

我们人眼虽然看不见红外线,但是通过其他感觉器官能够感知它的存在。太阳光照在身上,冬天围坐在火炉旁,你总会感到暖烘烘的,这就是太阳和炉火在发射红外线,引起了你的热感觉。在太阳光中,红外线的能量占太阳光总能量的$\frac{1}{2}$;在炉火燃烧时,也有大量的红外线产生。

在大自然中,不仅像太阳、火炉这类高温物体能产生发射红外线,一般常温物体,如房屋、车辆、人体都可以产生红外线;甚至连−100℃的低温物体,也能产生红外线。只不过高温物体产生的红外线能量强,低温物体产

①1 埃等于 10^{-10} 米。

生的红外线能量弱罢了。

科学家们根据红外线许多独特的性质,如热效应强、波长很长、不易被空气吸收等,在医疗诊断、烘干物体、军事侦察、高空摄影、光学通信等许多方面开辟了应用领域。红外技术的发展,使其在越来越多的领域得到广泛应用。

赫歇耳在1800年的那次实验中,虽然在紫光区外也同样挂了一支温度计,但没有获得什么结果。第二年,另外一位科学家却发现,把涂有氯化银的照相底片放在紫光区外端,照相底片上就会留下明显的感光痕迹。这说明,紫光区域外端也像红光区域外端一样,存在着一种看不见的射线,后来人们把这种射线取名为紫外线。

紫外线的波长比红外线和可见光的波长都要短,范围为60～4 000埃。在所有的光波中,只有波长为4 000～7 700埃的光波才能引起我们人眼视觉,大于或小于这段波长的人眼都看不见。

我们虽然看不见紫外线,但是紫外线却像一位无名的忠诚卫士,每天都在为人类工作着。紫外线有很强的杀菌能力,晴暖天气里,人们常常把衣物、被褥拿到室外晾晒,既去潮气又能利用阳光中的紫外线杀伤病菌,防止疾病。紫外线杀菌的手段有两种:一种是直接破坏病菌体内其赖以生存的蛋白质,使菌致死;另一种是使大气中的氧气电离,生成臭氧,利用臭氧来杀伤病菌。除了杀菌,紫外线对人体本身的发育也是必不可少的。小孩如果很少晒太阳,就容易得软骨病;采煤工人长期在井下作业,每天必须另外用紫外线灯进行定量照射,以弥补太阳光照射的不足。

从烽火台到光纤通信

用光来传递消息,这个想法人类自古就有。早在我国商代,我们的祖先为了防止异国入侵,在边境到都城的几百上千里距离中,每隔一段路程就修建一个烽火台。每当边境上有了敌情,就利用火光报警,消息通过一个个烽火台,就像接力一样,迅速把情况报告给最高统治者。这就是最古老的光通信。

在欧洲，18 世纪时有一位叫克劳德·查佩斯的工程师，发明了一种"光学横梁式信号机"。这种信号机通过双方可以看清楚的信号杆的位置变化来传递信息。后来这种信号机被早期的铁路上用作行车的主要通信方式。

烽火台和横梁式信号机虽然得到了广泛使用，但它们只能传递诸如安危、行止、来去之类的简单信息内容，远远跟不上日益增长的通信要求。此外，在夜间和天气不好时，它们就完全失去了作用。

18 世纪，不断有人尝试把电用到信息传递上，但当时缺乏能产生持续电流的装置，这些尝试都一一失败了。

到了 19 世纪，伏打终于利用电堆产生了较长时间的电流，这方面的条件成熟了。此后，莫尔斯发明了能解决较长距离通信的有线电报，贝尔又发明了比有线电报通信更直接简便的装置——电话。

贝尔发明电话是在 1876 年，过了三四年，贝尔又研制出了一种光电话。

光电话的工作过程是：首先使太阳光经过反射镜和透镜的作用后，照射到话筒的薄膜上，然后再反射出来。当人说话时，声波将使薄膜震动，于是反射光束的强弱也将随之发生变化，这样反射光束的强弱是随着声音的强弱而作相应的变化，完成光的调制。

在光电话的接收端，有一面抛物面镜，它将发送端经大气传过来的随声音而变化的光线反射到光电池上，使光能转化成电流，再经听筒，就得到原来的声音。

贝尔的这个设计是高超无比的。可惜的是由于光能量在大气传播中损耗很大，这种光电话的传播距离仅有 213 米，其实用意义不大。

光电话夭折以后，在一段很长的时间里，光通信一直没有大的发展。这主要是受当时科学技术条件的限制，有两大难题没有解决：一是没有理想的光源，这种光源发出的光要求在传播过程中损耗较少；二是没有合适的光传输材料，因为实践证明靠大气传播是行不通的。

111

自20世纪60年代以来，以上两个难题已有突破。由于半导体激光器的出现，从而产生了理想的光源——激光；由于光导纤维的研制成功，又有了理想的传输材料，使现代光通信的实现有了可能。

那么，什么是光导纤维呢？

要解答这个问题，我们还要回顾一段与它有关的历史。早在1870年，英国物理学家丁达尔在皇家学会的演讲厅里，表演了一个魔术般的实验。在一个较暗的环境中，丁达尔取来一个不透明的装水容器，在容器里装一大半水，并在里面点上一盏灯。然后，他让一股水从容器侧壁的小孔中流出，由于容器里面有灯光照明，这时从小孔中流出的弯水柱几乎整个都在发光。

这个现象令人十分奇怪。本来是直线前进的光，为何能沿着弯曲的水柱传播呢？

丁达尔解释道，表面看来，光好像走着弯道，但是事实上光线还是直线前进的。由于光在弯曲的水柱的内表面上发生了多次全反射，所以我们会觉得光的行进路线是弯曲的。也就是说，这个现象的产生是全反射在起作用。

什么是全反射呢？

为了说明这个问题，我们不妨做个实验。当光以30°的入射角从折射率较大的水中射到折射率较小的空气中时，有一部分光折射到了空气中，同时，另一部分光反射回到水中。接着，逐渐增大入射光线的入射角，就会发现折射角慢慢向水平线靠拢。当入射角等于48.5°时，折射角为90°，和水平面重合了。这时入射光线全部被反射回水中，这种现象叫作全反射。

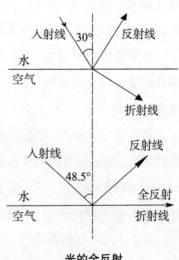

光的全反射

近年来，由于科学技术的飞跃发展，人们根据全反射的原理制成了一种能导光的玻璃纤维，叫光导纤维。

光导纤维是一种很细的玻璃丝，它由双层的光学玻璃棒拉制而成，其内层材料的折射率大于外层材料的折射率。当光从光导纤维的一端按一特定的角度入射时，由于光在内外层界面发生全反射而使光线闭锁在光导纤维内，经过多次全反射后从另一端传出。这就是光导纤维之所以能导光的原因。

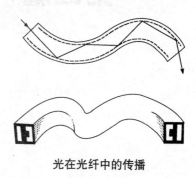

光在光纤中的传播

光可以顺着弯弯曲曲的光导纤维传播，它使人们想起利用电线传导的电流。确实，光导纤维还可以代替电话线，用来传递消息。20 世纪 60 年代科学家研制出光导纤维后，首先就想到把它用于光通信。但是当时的光导纤维质量较差，经过 1000 米的距离，光能损耗就达 99%。

1970 年，美国科学家以超纯石英为材料，制成损耗较小的光导纤维。三年以后，光导纤维的损耗进一步降低，可以使通信距离延长到 20 千米以上。

光纤通信具有速度快、容量大、抗干扰性好以及材料来源丰富等许多优点。用光导纤维制成的电话线，比金属制成的电话线优越得多。一对金属电话线只能同时传送 1000 多路电话，而根据理论计算，一对细如蛛丝的光导纤维电话线，可同时通 100 亿路电话。

光纤通信的前景十分诱人，所以许多国家都在这方面投入了很多科技力量，我国也在 20 世纪 70 年代成功地进行了光纤通信系统的试验。近些年来，光纤通信在技术上有了许多突破，目前已进入飞速发展的实用阶段。

113

第四篇　广阔的电磁天地

一、电的起源

波罗的海边的"宝石"

今天,我们几乎每天都要和电打交道,时时都在享受着电给我们带来的方便。但是,最早的"电"是如何发现的? 这并不是每位读者都能回答的。为了弄清电的来历,还是让我们从2000多年前波罗的海岸边的一种小石子讲起吧!

公元前800多年,欧洲的波罗的海的岸边出产一种黄棕色的透明"宝石",人们给它起了一个美好的名字——琥珀。这种琥珀原来是松树上分泌的一种树脂,由于地壳变动,它们被埋入地层深处,在巨大的压力和高温作用下,渐渐演变成化石;千万年以后,沧海变桑田,它们成为晶莹可爱的琥珀,又重返地面。当时的古希腊正处于经济发达、文化昌盛的时期,这种琥珀就成了希腊贵族妇女喜爱的装饰品。每逢盛会外出时,妇女们就要把琥珀做成的项链首饰擦拭得干干净净,光彩熠熠。奇怪的是,不管将琥珀擦得多么干净,它很快就会吸上一层灰尘,让人感到不可思议。

虽然大家都注意到这个现象,但谁也无法解释它。当时,希腊有位叫泰勒斯的学者也在研究这种奇特的现象。他注意到琥珀首饰挂在颈项上时,会不断地和丝绸衣服摩擦,他猜想这里面一定有什么奥秘。经过实验,果然发现丝绸摩擦过的琥珀具有吸引灰尘、绒毛、麦秆等轻小物体的作用。泰勒斯的这个发现,后来被大哲学家亚里士多德写进了他的著作中。

我们的祖先,在很早的时候也有过这方面的研究。东汉时期著名的学者王充,有一次赏玩一块玳瑁①,他把玳瑁在丝绸衣袖上擦得一尘不染,放在书桌上。突然,桌上的一根鸡毛向玳瑁"跑"去,紧紧地贴在玳瑁上。后来王充在他的著作《论衡》里把这种现象叫作"顿牟掇芥"。"顿牟"就是指玳瑁,"掇芥"就是拾起轻小的物体。意思是说,摩擦过的玳瑁,具有吸引轻小物体的本领。

1000多年后,英国女王伊丽莎白一世的御医吉尔伯特系统地研究了这一现象。他发现,除了琥珀、玳瑁之外,金刚石、水晶、硫黄、玻璃等一些物质,摩擦后都具有吸引轻小物体的性质,他第一次把这类现象称为"带电"。英文的"电"这个单词,就是从希腊文"琥珀"演变而来的。

到了18世纪,研究电现象的进度加快了。1729年,英国的斯蒂芬·格雷在摩擦一根玻璃试管后发现,盖在管口的软木塞也能吸引轻小物体。接着,他在木塞上插进一根铜棒,未摩擦过的铜棒居然也带上了电。因此,格雷猜想,电是一种可以移动的物质。他想让电通过一条长长的导线,开始失败了,经过反复试验,格雷终于找到了问题所在,高兴地跑去找来他的朋友惠勒。格雷在270米长的导线的一端连上一个象牙球,他把摩擦过的玻璃棒接触线的另一端,惠勒这里将一根羽毛接近象牙球,羽毛被球吸引住了。这说明,玻璃棒通过270米长的导线,使象牙球也带了电。

前几次失败的原因,是因为导线是挂在墙的金属钩上,电从墙上跑了,而这次导线是挂在丝线上的。从此,格雷发现了物质的两种属性:导体和绝缘体。

后来又有人发现,不同的物体摩擦带上电以后,有的互相排斥,有的又

①玳瑁是一种跟乌龟相似的海生爬行动物的甲壳,黄褐的颜色中带有一点黑斑。

互相吸引。到底在什么情况下互相排斥，在什么情况下互相吸引呢？法国人迪费成功地进行了这方面的研究。

迪费用丝绸摩擦玻璃棒，用毛皮摩擦树脂棒（琥珀就是树脂的一种），使两根棒都带上电。他用带电玻璃棒碰一下很轻薄的金箔，使玻璃棒上的一部分电传到金箔上，金箔也带上了电。这时带电玻璃棒和带电金箔是互相排斥的。可是使他奇怪的是，把这张带电金箔靠近带电树脂棒的时候，它们却是相互吸引的。接着，迪费试验了各种各样的带电物体，最后终于给电分了类：玻璃棒摩擦带的电叫玻璃电；树脂棒摩擦带的电叫树脂电。并且他还知道玻璃电和玻璃电相互排斥，树脂电和树脂电也相互排斥；而玻璃电和树脂电则相互吸引。

电的这种分类虽然给人以称呼的方便，但却不能说明电的真正本质。一个物体经过摩擦带电以后，这个物体本身内部发生了什么变化呢？迪费没法回答。

美国著名科学家富兰克林继续迪费的研究，他认为，电并不是摩擦"创造"出来的，而是两个物体在摩擦的过程中，电荷从一个物体转移到另一个物体，并且在任何一个绝缘的体系里总电荷数不变。这是电荷守恒定律的最早表述。

为了避免对"玻璃电"和"树脂电"产生误解，富兰克林提出，无论哪一种电都可以用正电或者负电两种电荷来表示，符号分别记为+e和−e。后来人们就规定，用丝绸摩擦过的玻璃棒所带的电荷叫正电，用毛皮摩擦过的树脂棒所带的电荷叫负电。

富兰克林这种简单的科学分类方法，为后来人们研究电现象带来了很大的方便。

莱顿瓶实验

自从发现电以来，人们就一直想找出办法把电储存起来。17世纪中叶，人们根据摩擦起电原理，制造出能够产生大量电荷的静电起电机。但是,起电机并不能储存电荷,每当需要做电实验时,都要专人用起电机不停地摩擦来供电,使用起来很不方便。

能不能用某种方式把电保存起来,待需要时随时可以取用呢?

1746年1月,荷兰莱顿大学教授马森布罗克在做电学实验时,无意中把一个带了电的铁钉放到用两根丝绸悬挂起来的玻璃瓶内。他知道铁棒上的电是很容易传走的,要不了多久铁钉上的这点电就会跑得无影无踪。过了一会儿,他一手拿起瓶子,另一只手刚触到铁钉,握瓶的手和触铁钉的手同时突然受到一种强烈地震击,这种震击使人非常难受。

马森布罗克意识到这是受到了电击。这是怎么回事呢?"玻璃瓶怎么会带电呢?"难道这是铁钉上带的电传给瓶子保存起来了?他一次又一次重复刚才的实验,每次得到的结果都是如此。马森布罗克由此得出结论:把带电的物体放入玻璃瓶内,就可以把电存放起来。

从此,电学史上第一个保存电荷的容器诞生了。由于它是在莱顿城首先制成的,所以命名为莱顿瓶。莱顿瓶的发明,为科学界提供了一种贮存电的有效方法,为进一步深入研究电现象提供了一种新的强有力的手段。它的构造很简单,在一个玻璃瓶的内壁和外壁分别贴上锡箔,瓶里的锡箔通过金属链跟金属棒连接,棒的上端是一个金属球,如下图所示。

莱顿瓶是怎样带上电的呢?当用一个带电体(假设带正电)接触金属球时,瓶内的锡箔就会带上正电;瓶外的锡箔由于静电感应的作用,内表面带负电,外表面带正电。用手接触一下瓶外锡箔的外表面,则外表面上所带的正电荷就会通过人体传入大地,而瓶外锡箔就只带负电了,如右图所示。这时,将带电体移开,若不用别的东西去接触金属球,则带电体传给瓶内锡箔和金属棒

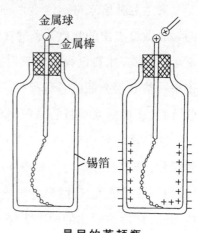

金属球
金属棒
锡箔

最早的莱顿瓶

的电,就可以保存较长的时间。这就叫给莱顿瓶充了电。

如果要使用莱顿瓶时,可以用一个带绝缘柄的U型导体——放电叉的一端接触莱顿瓶外的锡箔,另一端靠近金属球,就会产生火花放电现象。放电时,莱顿瓶内外的两种电荷互相中和,直至莱顿瓶不再带电为止。

发明莱顿瓶是电学发展史上极其重要的一步,直到今天,莱顿瓶作为最简单的贮电容器,依旧是电学实验室不可缺少的一种仪器。现在半导体技术上广泛使用的电容器,就是在莱顿瓶基础上发展起来的,它们的原理完全一样。

有趣的是,曾为电学事业做出过杰出贡献的美国科学家富兰克林,当年促使他走上这条道路的,就是一次莱顿瓶实验表演。

1746年的秋天,一位英国学者远涉重洋,来到当时科技比较落后的北美洲进行科学访问活动。在一次电学讲演中,这位学者拿出一只莱顿瓶,当场做了表演。只见一只普通的瓶子充上电后,用导体靠近它就会发出一簇簇闪光,还伴随着鸣爆声;用手摸上去,就会受到难以形容的震击,有的甚至还被击倒在地。当时,对电学一无所知、年已40岁的富兰克林,也在兴致勃勃地观看这场表演。他被这有趣的莱顿瓶吸引住了,报告结束后,他还围着那位英国学者问这问那,不肯离去。

富兰克林原来是一位热心的社会活动家,后来曾为美国的独立和黑人的解放做过杰出的贡献。经过观看这次电学实验,他就迷上这门科学。回家后,他就开始自己摸索着学习这方面的知识。不久,伦敦的朋友柯灵逊寄来一整套莱顿瓶的各种配件,富兰克林不仅能熟练地操作莱顿瓶的实验,而且还根据莱顿瓶的原理,制成了世界上第一个蓄电器。

这只蓄电器用11块垂直排列的普通玻璃做成,玻璃的两面贴上薄薄的铅片,玻璃和玻璃之间相隔4厘米。这些玻璃板的两个表面,一面是正极,另一面是负极,用两根金属丝分别将各板的正极和正极相连,负极和负极相连,然后将引出的两个头接在摩擦起电机上。这样,最原始的蓄电器便做成了。当蓄电器的两个极互相靠近时,也会像莱顿瓶实验那样,有火花放电现象,还伴有噼里啪啦的鸣爆声。

从放电的火花和鸣爆声中,富兰克林联想到天上的闪电打雷现象。当时的人们,给天上的闪电打雷现象披上了一层神秘的外衣,认为这是"上帝之火",是"天神发怒"的现象;还有少数科学家认为雷电是一种天上的毒气云爆炸的结果。富兰克林不信这一套,他对天空中的闪电和摩擦而产生的电进行长期观察、对比和分析,发现它们有许多共同之处,如发光、光的颜色、光线曲折、可由金属传导、能发出鸣爆声,等等。

根据分析比较,富兰克林大胆地提出一种设想,认为天空中的雷电和地面上由人工摩擦产生的电是一回事,原理完全相同,只是一个放电的规模大,一个放电的规模小,他决心用实验来证明自己的判断。

人间的"普罗米修斯"

在希腊神话故事中,有一个为人间造福的天神——普罗米修斯。他从天上盗取火种带到人间,因此触怒了主神宙斯,被锁在高加索山崖上,每日遭神鹰啄食肝脏。他宁受折磨,坚毅不屈,最后被大力神赫拉克勒斯解救。

而在人间,有一位科学家冒着生命危险进行捕捉雷电的实验,发现了天上闪电打雷的秘密,从而成功地设计制造出避雷针,避免了许多人畜、房屋遭受雷击,被称为人间的"普罗米修斯",他就是美国科学家富兰克林。

长期以来,由于雷电的破坏性很大,人们都有一种恐惧的心理。当时有许多人把雷电视为"上帝之火",是天神发怒的结果。富兰克林却不相信这种说法,为了搞清雷电是不是一种放电现象,以及空中的闪电和由人工摩擦而生的电是否具有相同的性质,富兰克林进行了历史上著名的"费城实验"。

1752 年 7 月一个雷雨交加的天气,在美国费城郊外一间四面敞开的小木棚下,富兰克林和他的儿子威廉,将一只用丝绸做成的风筝放上天空,企图引下天空中的雷电。风筝顶端接了一根尖细的金属丝,作为吸引电的"先锋",中间是一段长长的绳子,打湿以后就成了导线。绳子的末梢系上充作绝缘体的绸带,绸带的另一端则在试验者的手中,在绸带和绳子的交接处,挂上一把钥匙,作为断路器。为了避免吸引下来的电通过实验者而造成触电,手中的绸带必须保持干燥,这就是富兰克林躲在小木棚下的原因。

随着一道长长的闪电,风筝引线上的纤维丝纷纷地竖立起来,富兰克林心里一阵高兴,禁不住想把左手伸过去抚摸一下,忽然"哧"的一声,在他的手指尖和钥匙之间跳过一个小小的火花。富兰克林只觉得左半身麻了一下,手不由己地缩了回去。"这就是电!"他兴奋地叫喊道。

富兰克林在给他的朋友柯灵逊的信中,比较详细地谈到当时实验的情况,他写道:"当带着雷电的云来到风筝上面的时候,尖细的铁丝立即从云中吸取电火,风筝和绳子全都带了电,绳子上的松散纤维向四周竖起来,可以被靠近的手指所吸引。当雨点打湿了风筝和绳子,以致电火可以自由传导的时候,你可以发现电火从钥匙向你的指节大量地流过来。用这个钥匙,可以使莱顿瓶充电,用充得的电火,可以点燃酒精,也可以进行其他电气实验,像平常用摩擦过的玻璃球或者玻璃管来做的电气实验一样。于是,带着闪电的物体和带着普通电的物体之间的相同之处就完全显示出来了。"

"费城实验"的结果,令人信服地证明天空中的闪电和地面物体摩擦产生的电是属于同一种物理现象,天电和地电的性质是一样的。不久,富兰克林写了一篇《论闪电和电气的相同》的论文,寄给英国皇家学会,希望他对雷电本质的阐述能引起应有的重视。但是,他的科学成果受到意外的冷遇。当富兰克林的论文在皇家学会的会议上宣读时,引起的反应只是一阵轻蔑的嘲讽和怀疑。这些"大学者"们不相信,科技落后的美洲的一个小人物居然能比他们还有能耐。

但是,富兰克林的观点有科学的实验做基础,任何权威也否认不了。正如他自己所说:"我所说的都是实验的描写,任何一个都能复试和证明,如果不能证明,也就无法辩护。"过了不久,法国的科学家特里布尔在巴黎成功地重复了富兰克林的"费城实验",甚至被国王路易十五请去进行了表演。这样一来,欧洲科学界才开始承认富兰克林的研究成果,渐渐改变了对他的偏见，后来甚至还接纳他为英国皇家学会的会员，授予他柯普利金质奖章。

富兰克林的"费城实验"很快传遍了世界，不少科学家也开始转向研究雷电。当富兰克林的实验传到俄国彼得堡后，俄国科学院院士利赫曼教授也对雷电现象做了大量的研究。他在家中设计安装一个装有金属尖杆的"检雷器"，想测定云中有没有电。1753年夏天，利赫曼在实验室做实验时，看到雷雨欲来，便匆匆赶回家，准备观察仪器的指针有什么变化，不幸被雷电击中而身亡，成了电学史上第一个献身的人。消息传到费城，富兰克林十分难过，这促使他加快了对雷电应用的研究。

富兰克林很早就注意到，高大的树木、教堂的顶端、船只的桅杆等，凡是高耸的目标，都容易招引雷电。怎样才能避免雷电的袭击呢？

在雷电实验中富兰克林已经了解到，雷电现象是一种大规模的火花放电现象。天空中的闪电打雷现象，是由于大气在激烈上升或下降的过程中发生摩擦，致使一部分云块带上正电，另一部分云块带上负电，当两部分云块相互接近时，就产生大规模的空中放电现象。而能够击毁房屋、击毙人畜的"落地雷"，则是天空中带电的云块和地面之间放电形成的。如果天空中有一块离地面较近的云带了大量正电，由于静电感应，地面上离云块较近的高大物体上的云就会带大量的负电，于是云块和高大物体之间就会发生"电闪雷鸣"，结果往往造成十分严重的后果。通过以上分析，富兰克林清楚地认识到，如果能用某种方法阻止电荷的大量集聚，雷击就可以避免。

在后来的实验和观察中，富兰克林发现了"电荷易被尖形的金属棒吸收"的特性，他在实验记录中写道："眼前我还没法证明，天空中的闪电是否也有这种特性。不过它既然同摩擦而产生的电有许多相同之处，看来这一种特性也不可能被排除。"

富兰克林决定用"电荷易被尖形的金属棒吸收"的特性和费城风筝实验的原理，来制作一个避雷装置。他想，我已经用实验证明了，雷电是可以引导下来的。那么，如果在屋顶上安上一根容易吸收电荷的金属棒，再在金属棒末端系上一条金属线，直通到地下，这样，金属棒在遇到带电的云块

富兰克林

时，就能借助金属线，不断把电传入地下，避免电荷在房子顶端大量集聚，从而使屋子免遭雷击。

富兰克林决定在自己居住的房子屋顶做这项实验。他在附近的铁匠铺定做了一根 3 米多长、顶端尖尖的细铁棒，并把它安在烟囱顶上。铁棒的下端拴上金属线，然后把金属线沿着楼梯引到屋子里的金属水泵上，这水泵是通向地下的。这样，从烟囱顶上引导下来的电，就会乖乖地进入地下去。

为了能得知有没有电荷通过导线流到地下，他又把屋里的那一段金属线分成两股，两股线相隔一定距离，各挂上一个小铃，铃的中间，用丝线吊着一只小铜球。如果金属线中有电荷流过，两只小铃上的铜球由于受相斥力的作用，就会发出叮当的响声。

在一个雷雨的天气里，富兰克林在屋里紧张地观察着他精心设计的试验结果。每当天空中出现一道强烈的闪电，那系在丝线上的小球就不断地左右摆动，小铃铛就发出一阵阵清脆悦耳的响声。这说明，避雷装置正在把天空中的大量电荷送入地下，试验成功了！

在费城实验的第二年，世界上第一套避雷装置就这么诞生了。由于这个装置带有一个尖尖的针状铁棒，富兰克林把它取名为"避雷针"。

青蛙腿的启示

避雷针的问世，揭开了电学研究的成果转入实际应用的序幕，引起了美洲、欧洲以及世界各地对"电"的极大兴趣。人们还期待着有更多的对电研究的好消息传来。

然而，直到 18 世纪末期，大家主要研究的还是靠摩擦和感应所产生的静电。虽然富兰克林的雷电实验取得了成功，人们可以在有限的机会里用它给莱顿瓶充电，但是莱顿瓶的放电过程时间很短，不能形成稳定的电流。因此，靠静电产生稳定的电流是行不通的，电学的发展，迫切需要有一种新的电源。

有位哲学家曾经说过，人类有什么样的需要，科学就会有什么样的发

123

明，只是时间早晚的问题。新电源的产生正是这样。但是，谁又能想到，新电源的发明竟是由一只青蛙腿引起的呢？

1790年的一天，意大利波洛尼亚大学的解剖学教授伽法尼像往常一样，在实验室里进行解剖实验。他把一只青蛙剥了皮，切下两只腿，放在实验桌上的金属盘里就暂时离开了。这时，一个助手过来收拾东西，无意中挪动了桌上的一把解剖刀，刀尖正好碰到青蛙腿上，奇怪的事情发生了，不知什么原因，在刀尖碰到青蛙腿上时，那只腿突然抽搐了几下。助手马上请来了伽法尼，惊奇地把刚才发生的事情告诉了他。伽法尼按刚才的情景重做了一遍，得到了同样的结果。

在这之前，伽法尼曾经做过用莱顿瓶和起电机给蛙腿瞬时通电的实验，他发现，每当有电通过的时候，蛙腿肌肉就受到电的刺激而抽搐。而现在并没有莱顿瓶、起电机之类的电源啊，为什么蛙腿也会产生抽搐呢？

为了解开这个谜，伽法尼认真做了一系列实验。他用两种不同的金属杆，一端触在青蛙的脊神经上，另一端和青蛙腿部肌肉相连，这样就组成了一个闭合回路，此时蛙腿也会出现抽搐现象。伽法尼从而指出，实验桌上的青蛙腿抽搐的秘密，在于解剖刀、金属盘和蛙腿组成了这样一个回路。接着，他又用玻璃杆代替金属杆重做刚才的实验，而青蛙腿则一动也不动，没有抽搐现象发生。

由此，伽法尼认为，蛙腿由于某种生理过程，使肌肉和神经各带有相反的电荷；当金属杆和蛙腿接触的时候，神经和肌肉的电荷接通，就出现了蛙腿抽搐的电现象。他把这种电称为"动物电"。

1791年，伽法尼把自己对"动物电"的研究结果发表在一家科学杂志上，引起了物理学家和生物学家的广泛注意。围绕着新出现的"动物电"这个问题，学术界展开了激烈的争论。当时有一种赞成伽法尼观点的认为，动物电是和由起电机摩擦产生的普通电相同的东西；一种反对的观点认为，动物电和普通电是两种不同的东西，就好像铁和铜不同一样。而伽法尼的朋友、物理学家伏打则根本否认动物电的存在。

伏打认为，伽法尼的"动物电"实际上是一种物理的电现象，蛙腿本身不放电，是外来电使蛙腿神经兴奋而产生抽搐，蛙腿实际上只起一个电流指示计的作用。他指出，伽法尼有了一个伟大的发现，却对自己的伟大发现做了错误的解释。

伏打的反对意见，促使伽法尼回过头来进行了更加严格的实验。这回他不用任何金属作导体，干脆剥出一条蛙腿的神经，一头缚在另一条腿的肌肉上，另一头和脊椎相接，结果这条腿仍然出现抽搐现象。多次实验的结果都是如此。这就证明，引起蛙腿抽搐的电刺激，确实来自青蛙本身，动物会产生电流的结论是正确的。由于伽法尼发现了"动物电"，这就导致了一门新的学科——电生理学的建立。

不过，伏打的观点并没有完全错误，他做了一个很有说服力的实验。他把铜和铁两种金属浸在盐水里，用无生命的盐水代替了青蛙的神经和肌肉。实验的结果令人感到惊奇，只要有铜和铁两种金属，根本没有动物，也照样会有电流产生。不过，这种电流比起莱顿瓶那种有声有色的放电来，实在是太微弱了。

铜和铁这两种金属浸泡在盐水里产生的电流太小了，其他金属怎样呢？从1793年到1800年，伏打采用各种不同的金属做了大量的研究。他将铜、铁、锡、银、锌等各种金属分别放到盐水里，看哪两种金属之间产生的电流最大。结果发现，银片和锌片的效果最理想，但银的价格较高，推广使用有困难，最后他采用了电流效果较强、价格又便宜的铜和锌两种金属。

一块铜片，一块锌片，浸在盐水里，用导线把铜片和锌片连接起来，就会有稳定的电流通过，这个装置比起莱顿瓶确实优越了许多。世界上第一个电池就这么诞生了！为了纪念伏打的贡献，人

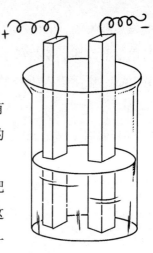

最简单的电池

们把它叫作"伏打电池"。

在以后使用伏打电池的过程中,伏打又进行了几项重大的改进。首先,他用稀硫酸代替了盐水,使获得的电流大大增强;其次,他用浸过稀硫酸的厚纸片代替装硫酸的容器,使携带伏打电池更方便。另外,他把铜和锌做成许多金属小圆片,然后按照铜片、浸过稀硫酸的厚纸片、锌片、铜片……这样的顺序相间堆叠起来(右图),再从最上面的铜片引出一根导线作正极,从最下面的锌片引出一根导线作负极,等于把许多伏打电池串联起来,形成了一个所谓的"伏打电堆"。伏打电堆比起伏打电池来,可以提供更大的电流和电压。

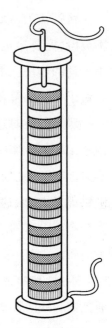

伏打电堆

1800 年,伏打总结他十几年来对电学研究的成果,写了一篇题为《论不同金属材料接触所激发的电》的论文,寄给英国皇家学会。没想到当时皇家学会负责论文工作的秘书尼克尔逊有意将伏打的论文搁置起来,后来将伏打研究的成果以自己的名义发表。由于伏打的工作早已为人所知,尼克尔逊的剽窃行为遭到了学术界的唾弃。

一只青蛙腿,引出了伽法尼的"动物电"和伏打的"伏打电池"两项重大的发现和发明,从而使电学从静电的研究迈进了"动电"的时代。特别是伏打电池的发明,使得科学家可以用比较大的持续电流进行各种电学的研究,从此,电学进入了一个崭新的发展阶段。

二、磁——另一个世界

阿房宫的传说

很久以前,人们就知道有一种特殊的矿石能够吸引铁器。在古希腊时期，这种矿石产地位于磁城附近，而在英语中，磁石被记为 Magnet，这个术语就是由磁城这个地名演化而来的。

在欧洲，最早记述磁现象的是我们前面提到过的哲学家泰勒斯，他是当时古希腊的"七贤"之一。开始人们把磁现象看得非常神秘。磁石为什么能够吸引铁？泰勒斯解释说，磁石能够吸引铁是因为它有"灵魂"。由于"灵魂"的作用，迫使磁石吸引铁块，或者磁石向铁块靠拢。人们当时把磁石看作"活"的东西，他们认为，例如狗是活的东西，狗看见肉就会主动向肉跑去；与此相似，磁石似乎也能看见铁，也会被铁吸引过去。

现在看来，这种解释不仅是幼稚可笑的，而且有些荒谬。但是在当时的历史条件下，人们都以为无生命的东西也可能具有灵魂，他们相信有上帝、灵魂之类的东西存在。所以，他们当时对磁现象做出这种解释是很自然的。

有趣的是，后来的古罗马诗人卢克莱修写了一首名为《物性论》的诗，他用诗歌的形式描述了磁石的特性，并且还探讨了磁现象产生的原因，我们今天不妨把它称作"科学诗"的始祖。

卢克莱修在诗中设想，磁石会射出极细小的微粒流，使磁石周围形成虚空，因而铁就往这个虚空里钻。这个说法比起前面关于"灵魂"的解释，无疑是进了一大步。

同世界其他国家相比，我国古代对磁现象的研究，无论从时间还是从研究应用的成果来看，都领先于当时的各国。

远在 2000 年前，我国古代劳动人民就开始同磁打交道。对磁的认识，最初是从冶铁业开始的。当时在寻找铁矿的过程中，发现有一种特殊的矿石，具有吸引铁的本领。我国先秦时期的著作《管子·地数篇》中，就有"上有慈石者，其下有铜金"的记载，"铜金"就是一种铁矿。这是世界上关于磁的最早的文字。

磁石能吸引铁的性质被发现以后，人们就开始将它应用在生活当中，最典型的例子莫过于阿房宫的"神门"了。

在一个专门记载秦汉时期宫廷轶事的《三辅黄图》的古书中,曾记述了这样一件事。秦始皇统一中国后,为自己在咸阳建造了一座"五步一楼,十步一阁"、富丽堂皇的宫殿——阿房宫。在此之前,秦始皇曾几次遇刺,都侥幸脱险,所以秦始皇对预防刺客问题十分重视。在建造阿房宫的过程中,秦始皇传旨下来,要在门口设立一个防范刺客的"机关"。聪明的工匠们根据磁石召铁的原理,用磁性很强的大磁石砌成了阿房宫的北阙门,一旦有人携带铁器企图进宫行刺,立刻就会被发现。唐朝的《元和郡县志》上也记载说:"秦磁石门,在咸阳东南15里,东南有阁道,即阿房宫之北门也,累磁石为之。著铁甲人者,磁石吸之不得过。羌胡以为神。"

到了汉朝的时候,我国人民已经知道了同性磁极相互排斥、异性磁极相互吸引的特性。当时胶东地区有个人名叫栾大,他利用磁铁的这种性质做了一个有趣的表演。

栾大找到两个磁性很强的磁石,样子很像是棋子,当他在一个很光滑的平面上,用一个棋子向另一个棋子移近"进攻"的时候,两个棋子虽然没有碰触,另一个棋子却会自动向后退却。这就是所谓"斗棋"的游戏。当栾大把这个游戏表演给汉武帝看时,汉武帝不解其中之故,被这神奇的表演逗乐了,最后给栾大封了一个"五利将军"的官位。其实,"斗棋"的道理很简单,把两个同性磁极相互接近,就会产生一种排斥力,这种排斥力会使另一个棋子"自动"退却。

随着对磁现象研究的深入,人们发现天然磁石的磁性不太理想,而且随着时间的流逝,天然磁石的磁性会逐渐减弱。为了弥补以上的缺陷,我国在西汉时期就掌握了人造磁铁的方法。《淮南万毕术》一书中,就记载了一种人造磁铁的方法。

这种方法是:把天然的磁石捣碎,碾成粉末,掺入一些铁粉,再用鸡血拌成浆状,然后做成一定的形状,让它放着干燥,待凝固后就成了一块人造磁铁。今天我们分析起来,这个做法是很有科学道理的。天然磁石被粉碎以后,每个微粒都是有磁性的,掺入一些铁粉,有大大加强磁性的作用;拌以鸡血后,放到地上,在慢慢凝固的过程中,磁石粉末和铁粉就在地球磁性的作用下,得到有规则的排列,它们的磁性就互相加强,因而就成了一块磁性很强的磁铁。这样制造磁铁的方法叫"地磁法"。

到了宋朝,我国人民又创造了一种人造磁铁的方法,叫"摩擦法"。这个方法就是用磁石去摩擦钢针,就能使钢针带上磁性。比起地磁法来,摩擦法要简单得多,而且磁化的效果也比地磁法好。摩擦法的发明,使磁铁的应用很快得到推广。

指南针的发明

一谈到磁,人们就会很自然地联想到指南针。指南针作为中国古代著名的四大发明之一,曾为世界文明做出过巨大的贡献,成为我国古代劳动人民杰出聪明才智的象征。

指南针大约出现于我国战国时期,距今已有2000多年的历史。

最初的指南针是用天然磁石制成的,样子像一只勺,底圆,可以在平滑的铜质或木质的"地盘"上自由旋转,等它静止下来时,勺柄就会指向南方。当初这种仪器并不叫指南针,而被称作"司南","司南"就是指南的意思。

东汉时期的著名学者王充,对司南的形状和用法有明确的记载。他在《论衡·是应篇》中写道:"司南之杓,投之于地,其抵指南。"关于司南的制作方法,古书上没有详细记载,后人根据大量的资料研究得出,司南大约是用整块的天然磁石,轻轻琢成勺子的形状(轻

司南

轻琢是为了防止磁石受震动后失去磁性),并且把它的S极琢成长柄,并使整个勺子的重心恰好落在勺子底部的正中,另外再配以光滑的标有方向的底盘。使用的时候,先把底盘放正,再把勺形的司南放上去,用手轻轻一

129

拨，使它转动，等到停下来，它的长柄就指向南方。

由于天然磁石在琢制司南的过程中，不容易找出准确的极向，而且也容易因受震而失去磁性，所以成功率很低。同时因为这样琢制出来的司南磁性比较弱，加上在和地盘接触中摩擦较大，指向效果不很好，因此这种司南的使用范围受到了一定限制。

大约在北宋初年，我国又创制了一种新的指南工具——指南鱼。当时有一部由曾公亮主编的军事著作，名叫《武经总要》，其中就说到在行军时，如果遇到阴天或者黑夜，无法辨明方向，常常借用指南鱼来指示方向。

指南鱼由一块薄薄的钢片做成，形状很像一条鱼。它有两寸长，半寸宽，鱼的肚皮部分凹下去一些，使它像小船一样，可以浮在水面上。

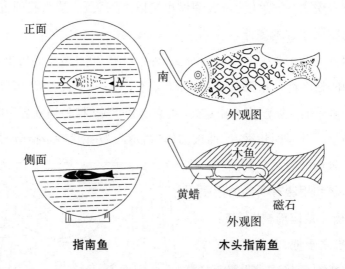

指南鱼　　　　　　木头指南鱼

比起司南来，指南鱼要方便得多，它不需要再做一个光滑的"地盘"，只要有一碗水就可以了。而且，由于液体的摩擦阻力比固体小，转动起来比较灵活，所以指南鱼使用起来比司南更灵敏、更准确。

宋代除了钢片做的指南鱼，还有用木头做的指南鱼和指南龟。南宋陈元清所著的《事林广记》中，记载了木指南鱼的制作方法：用轻质的木头刻成鱼形，然后把一块磁性较强的天然磁石塞进木鱼的腹中，使磁石的南极向外，用蜡封好，再向鱼口里插入一根针，就成为木指南鱼。将它浮在水面，鱼头就会指南。

木指南龟的指向原理和木指南鱼相同。它的磁石也是安在木龟腹中，但是它有比木鱼更加独特的装置法，就是在木龟的腹部下方挖一小穴，然后把木龟安在竹钉上，让它自由转动，这就给木龟设置了一个固定的支点，拨转木龟，待它静止下来，指针就会指南。

当时的人们不仅制造了各种各样的指南针，而且还摸索总结了许多使用指南针的方法。北宋的时候，有个著名的科学家，名叫沈括。他在自然科学方面有许多杰出的贡献，曾被英国著名史学家李约瑟称为"中国科学史上的坐标"。沈括在晚年总结他一生科学的成果时，写了一部流传至今的科学巨著《梦溪笔谈》。在这部书中，他介绍了指南针在装制技术上的四种用法。

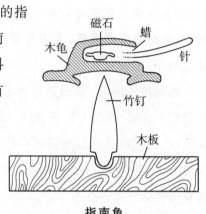

指南龟

第一，水浮法：把指南针轻轻放到水面上，待它静止后就会指示方向。但是，金属指南针为什么可以浮在水面上呢？沈括没有讲。据后来北宋晚期寇宗奭编的一部《本草衍义》上说，在指南针上穿几根短短的灯芯草，就可以浮在水面上。

第二，指甲旋定法：把指南针搁在手指甲面上，由于指甲面很光滑，磁针就和以前的"司南"一样，可以旋转自如，指示方向。

第三，碗唇旋定法：把磁针搁在光滑的碗口边缘上，也可以旋转指示方向。

第四，缕悬法：在指南针中部涂上一些石蜡，粘上一根细丝线，挂在无风处，即可指示方向。

根据实际应用的情况来看，沈括认为这四种方法中，要算缕悬法效果最好。水浮法经常受水面晃动的影响,而指甲旋定法和碗唇旋定法虽然摩擦阻力小,灵敏度高,但很容易掉落。所以还是缕悬法比较理想。

在《梦溪笔谈》中,沈括还记载了一个重要发现,他写道:"以磁石磨针锋,则能指南,然常微偏东,不全南也。"以前人们都以为指南针是指向正南的,沈括第一次发现,磁针虽然朝着南方,但不是正南,而是略有些偏东。这一现象,在科学上叫作"磁偏角"。

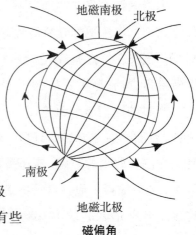

磁偏角

磁偏角的产生,是因为地球上的磁极和地理上的南、北极不是重合的,而稍许有些偏差。这一发现在当时确实是一件了不起的事情。在西方,直到公元1492年哥伦布横渡大西洋时,方才发现有磁偏角存在,比我国沈括晚了400多年。

指南针作为一种指向工具,在我国古代军事上、生产上、日常生活中、地形测量上,尤其在航海事业上,都起过十分重要的作用。在指南针问世之前,海上航行只能依据日月星辰来定位,一遇上阴晦天气,就束手无策。而在指南针用于航海之后,不论天气阴晴,航向都可辨认,使海上交通得到迅速发展和扩大。后来的郑和七下"西洋"以及哥伦布横渡大西洋发现了美洲大陆,麦哲伦乘船作环球航行,都得力于指南针的帮助。

当时船上使用的指南针叫作"罗盘",它由磁针和方位盘两部分组成,方位盘上分有24个方位,使用的时候,只要一看磁针在方位盘上的位置,就马上能定出方位来,十分方便。

开始使用的罗盘,还是一种"水罗盘",磁针是横穿着灯芯草浮在水面上的。在公元12世纪末到13世纪初这段时间里,这种水罗盘由海路传入阿拉伯一带,然后再由阿拉伯传入欧洲一些国家。

大概到了16世纪初,欧洲人在我国水罗盘的基础上加以改进,发明了性能更好、使用更方便的"旱罗盘"。旱罗盘的磁针不是浮在水中,而是用钉子支在磁针的重心处,这样支点的摩擦阻力十分小,磁针可以自由转动。从旱罗盘的出现开始,我国的科学技术渐渐落后于西方国家。

这里有必要再谈一点的是,除了指南针之外,古书上也曾出现过一种指南车的记载。有人以为指南车不过是指南针的另外一种形式而已,其实指南车和指南针从形状到基本原理都完全不同。

根据史料记载,我国东汉时期杰出的科学家张衡发明过指南车,可是他的制造方法不久就失传了。到了三国时期,有个叫马钧的发明家,曾经重新造出指南车。这种指南车相当大,要用马拉着走,车厢上面站着一个木头人,不管车子怎么改变方向,木头人的右手一直指向南方。当时的指南车主要用于战场上,在军队进攻或者撤退的重大行动中,它起着方向标的作用。

指南车

指南车里没有磁针之类的仪器,那么它指南的秘密在哪里呢?

原来,在指南车的车厢里,装有非常复杂巧妙的机械。它的中央是一个大平轮,木头人就竖立在上面;在大平轮的两旁,还装着很多小齿轮,如果车子向左转,右边的车轮就会带动小齿轮,小齿轮再带动大平轮,使大平轮相反的向右转。如果车子向右转,道理也一样。因此,只要在指南车开动之前定好方向,以后不论车子向哪个方向转动,指南车上的木头人的手臂一直会指向南方。

由上可知,指南车和指南针完全是两回事。

这里顺便说一下,我国失传近千年的指南车,20 世纪 80 年代由山东省莒南县庄肃贞研制成功,并于 1985 年底通过鉴定。这部仿古指南车外形古朴典雅,宛如一件精工制作的工艺品。它是根据机械原理制成的,无论

133

如何转动,车上铜人的手指总是指着一个方向。

仿古指南车的研制成功,使北宋失传的我国这一古代重要科技成就重放光辉。

磁学上的一大难题

人类从发现磁现象,到对磁进行系统的研究,前后经历了几千年的沧桑变化,积累了大量的知识和经验。直至今天,磁学上还有少数几个难题使科学家们费尽脑汁,却未找到令人满意的答案。其中有一个难题是:地球磁场产生的原因是什么?

1600 年,英国女王伊丽莎白的御医吉尔伯特曾发表了一部著作,名为《论磁铁和磁性物体》,其中比较系统地总结和阐述了他对地磁的研究成果。

吉尔伯特在 16 世纪末,花了近 20 年的时间做了一系列磁学实验,其中最有名的就是"小地球"实验。他用一块天然磁石磨制成一个大磁石球,然后将许多小磁针放在磁石球上面,结果发现这些小磁针的全部指向和指南针在地球上的指向十分相似。吉尔伯特把这个大磁石球叫作"小地球"。由此,他提出一个假设:地球是一个巨大的磁体,它的两极位于地理北极和地理南极附近。后来的结果完全证实了吉尔伯特的假设。

地球是一个大磁体,这个事实今天已经被人们广泛接受。但地球磁场的产生原因来源于何处呢? 这一直是科学家们长期探索的课题。对于地磁产生的原因,人们提出了种种假设,最有代表性的有两种:一种看法认为地磁是由于地球自转而产生的;另一种看法认为是因地球中的矿物元素铁、镍的磁性造成的。

对于第一种看法,科学工作者进行了模拟实验,经过精确地实验,测量得出的数据证明地球自转虽然可以产生磁性,但这种磁性非常微弱,还不足以解释地磁产生的原因。

对于第二种看法,以发现"镭"而著称的科学家皮埃尔·居里经过研究后指出,磁性物质并不是在任何情况下都可以具有磁性的。比如一块磁铁,在常温下具有很强的磁性,但当我们给它加热时,随着温度不断上升,磁铁的磁性会不断减弱。当温度达到769℃时,这块磁铁便会完全失去磁性,成了一块徒有虚名的"磁铁"。后来人们把磁性材料在某个温度下失去磁性所对应的温度,称为"居里点"。铁的居里点是769℃,镍的居里点是360℃,不同的材料有不同的居里点。

根据这一理论,科学家们测得地球内部的磁性元素主要是由铁、镍组成,而地球内部的温度高达3000~6000℃,在这么高的温度下,铁、镍根本就不会具有磁性了。所以,第二种看法也很难成立。

地球磁场到底是什么原因产生的? 这个问题的答案物理学家们仍在努力寻找。

寻找磁单极子

我们知道,电是具有单极性的。一个物体可以单独带正电荷,也可以单独带负电荷。而磁与电的情况不同,人们迄今还未发现有单独的磁极存在,任何磁体都是以 N、S 两个磁极同时出现的。当我们将一根条形磁铁切为两段时,并不会分别得到一个 N 极和一个 S 极,而只能获得两段都具有一对 N、S 极的磁铁。

长期以来,人们做了许多实验,无论把一块磁铁分割成多少块,每一块都会含有一对 N、S 磁极。过去的实验表明,存在于一个磁体上的南北磁极是分不开的, 它们总是形影不离地成对出现。所以,"自然界不存在磁单极"这一结论,是整个经典电磁学理论所依据的基本实验之一。

但是,正如人们所说,科学是未来的侦察兵。许多科学家并不满足于眼前对磁学研究的成果,总希望在磁单极问题上能有所突破。1931 年,英国著名的物理学家狄拉克,首先在他所建立的电和磁完全对称的理论中,预言自然界有一种"磁单极子"存在,他认为在某些微观粒子上只有一个磁极,只是我们还没有找到而已。如果狄拉克的预言一旦实现,则必然会对物理学的各个领域产生"原子分裂似的冲击波",现存的电磁学理论都必将重新修改。

自从狄拉克的预言发表以来,70多年过去了,实验物理学家们为寻找磁单极子做了许多努力,可它却像沙漠中的海市蜃楼一样,逗弄着人们的想象,迫使科学家们采取越来越精密的方法来探寻它。

在大型加速器出现以前,科学家们试图在自然界中寻找磁单极子。这种粒子有可能随宇宙线一同射到地球上,但是到哪里去寻找它们呢?从在宇宙空间游荡了若干亿年的铁陨石中,在取自海底的磁性矿物样品中,在云母和火山玻璃中,科学家们寻找磁单极子的努力都毫无结果。

20世纪80年代,"阿波罗-11"太空探险的参加者首次把月球上的土壤带回到地球。美国加利福尼亚大学的阿尔瓦列茨教授做了一个独特的实验,他决定在月球的岩石样品中去找磁单极子。阿尔瓦列茨认为,月球的年龄在30亿~40亿年,月球的表面变化不大,在那里可能积聚足够多的宇宙磁单极子。

把这种珍贵的岩石放在缓慢移动的带子上,使它多次从由超导材料构成的闭合电路中穿过。磁单极子这种磁荷是强磁场源。既然是这样,那么,在闭合的导线中应当产生电流。

美国宇航员带回的9千克月球土壤几乎全部用来做研究,但是未能发现磁单极子。

似乎可以做出最后的结论:自然界不存在磁单极子。但是物理学家们认为,在没有准确地知道磁单极子在物质中的性状以前,谁也不能这样做。

1975年夏季,美国由两所大学组成的一个研究小组报告发现了磁单极子。他们是把测量设备装在高空气球上,在离地面40千米的高空测量宇宙射线时,意外地发现有一条单轨迹。经过两年时间的反复测量和分析,他们认为这就是磁单极子的轨迹。

消息发表以后,轰动了整个物理学界,许多人丢开自己的课题,转向这方面的研究,但都没有获得进一步的结果。有人怀疑该研究小组所得到的单轨迹可能是超重宇宙线粒子的轨迹。所以,自然界究竟是否存在磁单极子,迄今仍然是物理学的一大难题,有待今后进一步探索。

三、电和磁——伟大的结合

电流磁效应的发现

随着电现象和磁现象研究的深入,人们发现它们之间有许多相似的地方。比如,电有正、负极,磁有南、北极;电有库仑定律($F = K\dfrac{Q_1 Q_2}{R^2}$),磁也有库仑定律($F = K\dfrac{M_1 M_2}{R^2}$),这两个定律惊人地相似;电荷之间有一种神秘的相互作用力,磁极之间也同样存在着这样一种相互作用的关系。

电和磁之间是否存在某种内在的联系呢? 18 世纪末到 19 世纪初,许多人都相继提出过这样的问题。

当时存在着两种观点:一种是以库仑为首的,认为电现象和磁现象虽然在作用定律的数学表达式上极为相似,但电就是电,磁就是磁,它们本质上是不同的,并不存在某种内在的联系。另一种以卡文迪许为代表的观点则认为,电和磁存在着这么多相似的地方,这绝不是偶然的,它们势必会有某种关系。但谁也拿不出实验证据来加以证明。

电和磁之间到底有没有联系呢? 这个问题终于在 1820 年,经丹麦物理学家奥斯特一次有说服力的实验得到了解决。

奥斯特是丹麦哥本哈根大学的物理学教授,他对自然的认识方面,受当时著名的哲学家康德的学说影响很深。康德在他所著的《自然科学的形而上学原理》一书中提出一种观点,认为自然界的一切作用力,包括热、电、磁、光的作用,不过是同一个"原生力"在不同物理条件下的不同表现形式,它们全都是密切相关的。

根据康德的这一观点,奥斯特坚信电和磁之间应该有某种联系。他还从美国科学家富兰克林用莱顿瓶放电磁化铁块的实验中受到很大启发,认定电磁转化是可能的,问题是要找到实现这种转化的条件。为什么库仑认为电磁之间不可能转化呢?奥斯特仔细审查了库仑的实验,发现库仑研究的对象全是在静电和静磁条件下做的,确实不可能转化。他想起了雷雨天打雷闪电时,小磁针会发生摆动的现象,那是因为有闪电电流的作用。奥斯特猜测,如果造成一种非静电、非静磁的条件,结果又会怎样呢?

从 1819 年到 1820 年冬季,奥斯特教授除了讲课之外,其余时间大多花在了研究电磁关系上。1820 年 4 月,在一次讲课结束之后,奥斯特利用讲台上的讲课器材,抱着试试看的态度,又做了一次实验。实验的器材很简单,只有几件东西:一个作电源的伏打电堆、一段金属导线和一根小磁针。

磁针

A

B

电池

奥斯特实验

以前的实验,奥斯特都是将小磁针的指向和导线垂直,每次通电以后,磁针并没有什么反应。他又增加导线的长度,把磁针移近导线,想了许多办法,全都失败了。

这次奥斯特想,以前的实验,一直叫导线和磁针相互交叉成直角,这回我们改变一下,把它们平行着放。他把导线转了 90° 角,让它和小磁针平行,成南北方向。奥斯特让助手接通电源,奇迹发生了!就在刚才接通电源的一瞬间,小磁针迅速转动起来,从南北指向转成东西指向,和导线方向成垂直位置,又轻轻晃动了两下,然后静止下来。切断电源后,导线中的电流消失,小磁针又受地磁的影响,转回到原来的南北指向。这说明,导线中的电流对磁针有力的作用。

这次意外的发现,使奥斯特欣喜若狂。为了进一步弄清原理,奥斯特又经过三个月的努力,做了许多实验,证实了使磁针偏转的是导线中电流作用的结果。磁针不仅在导线下方会偏转,在导线上方及周围都会发生偏转,只是在导线下方和上方,磁针上的南北极指向正好相反。而如果在导线和磁针之间放一些木头、玻璃、松香等非磁性物质,则不会影响磁针的偏转。

奥斯特这下才明白,从前的实验总是让电流和磁针互相垂直,实际上磁针这时已经取得了应有的指向,当然不会偏转了。

这一年的夏天,奥斯特写了一篇名为《论磁针的电流撞击实验》的论文,正式向学术界宣布了他的发现,他把这一结果称为"电流的磁效应"。

奥斯特的实验揭示了一项重要的事实:不但磁铁具有磁性,电流也具有磁性,可以产生磁的作用。通电的导线能在它的周围形成一个磁场,从而使得磁针转动。在这以前,许多人一直认为电和磁是毫不相关的两码事,而这个发现却说明,电和磁之间存在着内在的联系。

法国有一家科学杂志在转载奥斯特论文的时候,写下了这样一段编者按:"读者们都知道,本刊从不轻易支持宣称有惊人发现的报告,到现在我们都因为能够坚持这一方针而自豪。至于说到奥斯特先生的文章,那么它所提到的结果无论显得多么奇特,都有极详细的记录作证,以至不能有任何怀疑。"但是,对于这样一项伟大的发现,居然也遭到一些人的诽谤诬蔑。以德国《物理学年鉴》的编辑 W.吉尔伯特为首的一些人就认为,奥斯特的发现没有什么了不起,完全是"偶然碰上的事件"。对此,有人引用大数学家拉格朗日的一句名言进行了有力的驳斥:"这样的偶然性只能被应当得到的人所碰上。"

奥斯特的发现揭示了长期以来被认为性质不同的电现象与磁现象之间的联系,电磁学立即进入了一个崭新的发展时期,法拉第后来评价这一发现时说:"它猛然打开了一个科学领域的大门,那里过去是一片漆黑,如今充满了光明。"人们为了纪念这位博学多才的科学家,从 1934 年起用"奥斯特"这个名字命名磁场强度的单位。

电学大师法拉第

法拉第是英国著名的物理学家和化学家，1791年9月22日生于英格兰萨里郡一个铁匠的家庭。由于他父亲经常生病，家庭生活很贫困，法拉第在不到9岁就被迫退了学。为了维持生活，他12岁的时候上街卖报，13岁就到伦敦李波书店当了学徒。

在书店里，法拉第的工作是做书籍装订，这给酷爱学习的法拉第带来了方便的条件，他可以利用订书的闲暇读这些书。有一段时间里，书店装订新出版的《大英百科全书》，书中有关电学的问题引发了他极大的兴趣。最初他对书中的内容不太理解，但是不久就入了门，接着他又阅读了许多有关自然科学方面的书籍。

当时的伦敦，经常有一些科学家举办科普讲座，参加的人很踊跃。一次，法拉第参加了由著名化学家戴维主办的讲座。在听讲时，他不仅认真做了笔记，还把讲台上做的实验画下来，以便回去照着做。为了表示自己对科学渴望的心情，法拉第把听这次讲座的笔记整理装订成一本书，送给了戴维，并附上一封信，表明自己愿意献身于科学事业。

戴维被法拉第的诚心所打动，第二年就邀请他当了自己实验室的助手。由于法拉第虚心好学，爱动脑筋，动手实验的能力又很强，进步很快，虽然他在实验室工作的时间不长，但他很快便能独立进行研究工作了。戴维很器重法拉第的才能，曾经把他带到欧洲大陆许多国家进行参观访问，大大扩展了法拉第的知识面，为他以后的成功打下了良好的基础。法拉第没有上过大学，所以有人说欧洲是法拉第的大学。

自从奥斯特发现了"电流的磁效应"之后，英国有影响的《哲学年鉴》杂志约请戴维对这一事件写一篇综合性的评论文章，戴维把这个任务交给法拉第。

29岁的法拉第重复进行了奥斯特的实验，自己又设计了一些有关的新实验，都证明奥斯特是正确的。他想，既然电可以生磁，那么倒过来，磁可不可以生电呢? 经过反复考虑, 法拉第认为这个设想是有科学性的。1821 年秋天, 他在日记中写下了自己的奋斗目标:"由磁产生电!"

从 1822 年初到 1831 年末整整十年时间, 法拉第潜心对电磁关系进行研究。开始, 他设计了一些实验, 想利用通电导线周围的磁场, 在另一根相邻的导线中产生电流。他把导线 A 通上电, 把导线 B 靠近导线 A, 中间只隔两张纸的厚度。结果, 导线 B 中并没有产生电流。他又把导线 A 绕成一个线圈, 再通上电, 把导线 B 插入线圈中间。结果仍然令人失望, 导线 B 中还是没有电流产生。

到了 1825 年, 有一位叫斯特詹的英国人发明了电磁铁。他在一块涂了绝缘清漆的马蹄形软铁上绕了许多圈铜线, 使铜线之间彼此不接触, 然后在铜线中通上电流, 结果这块本来没有磁性的软铁, 变成了磁性很强的"电磁铁"。不久以后, 在大西洋对岸的美国纽约, 有一位青年物理学家亨利改进了斯特詹的电磁铁。原来斯特詹用的是裸铜线, 而亨利则在铜线上缠绕一层绝缘的丝线, 这样, 马蹄形软铁上的线圈就可以缠上许多层而彼此绝缘。亨利绕制出来的电磁铁磁性比斯特詹的增加了许多倍, 一次竟能够吸住 300 千克重的铁块。

斯特詹和亨利的电磁铁说明, 在软铁上多缠导线可以增加磁性, 这给了法拉第以启发。1831 年 9 月 23 日, 法拉第在给一位朋友的信中写道:"我正再度忙着研究电磁学。我想, 我捞到了一样好东西……"法拉第这里所说的"好东西", 就是指的电磁铁。

1831 年 10 月 17 日, 法拉第又设计了一个新的实验。他仿照电磁铁中的某些方法, 用厚纸片卷成一个空心的圆筒, 将铜丝在纸筒上分层绕了一个大线圈,

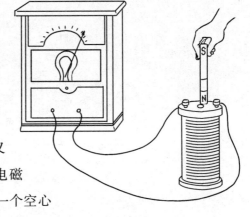

由磁生电

再把电流计接在大线圈上。然后,他把一块条形磁铁插进空心圆筒,然后又很快地抽出来,他惊喜地发现,在磁铁插进和抽出圆筒线圈的一瞬间,电流计的指针像受了震击一般发生了摆动。法拉第抑制住激动的心情,将实验深入一步。他接着用无磁性的软铁换下了条形磁铁,同样插入和抽出圆筒线圈,这次电流计的指针没有摆动。这说明,使电流计指针摆动的电流是由条形磁铁产生的,磁终于产生了电流!

后来,经过反复试验,法拉第弄清了由磁生电的必要条件:磁铁和闭合的金属导线之间一定要有相对运动。

就在这一年的11月24日,法拉第向英国皇家学会报告了他的重大发现。在这份报告中,法拉第将他所观察到的重要现象正式命名为"电磁感应",而将由这种电磁感应获得的电流,称为"感应电流"。他还归纳出产生感应电流的五种形式:①变化着的电流;②变化着的磁场;③运动的稳恒电流;④运动的磁铁;⑤在磁场中运动的闭合导线。

"电磁感应"概念的建立说明,电可以转化为磁,磁也可以转化为电,法拉第朝思暮想,为之奋斗了十年之久的目标终于实现了。

根据电磁感应的原理,法拉第制成了世界上第一台原始的发电机。它是将一个金属铜的圆盘放到磁场中进行旋转,这样就会获得源源不断的感应电流。

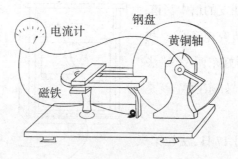

原始的发电机

法拉第"电磁感应"原理的发现,在电磁学这个大有前途的广阔领域中，为人们树立了指示前进方向的路标。在它的指引下，电报、电话和无线电等都相继问世，电学上的发明层出不穷。

1931 年，学术界在英国伦敦曾经专门召开了一个世界性的会议，以纪念法拉第这个伟大的发现问世 100 周年。

一位业余爱好者的追求

19 世纪 20 年代中期，德国科隆市耶稣学院，有一位名叫欧姆的物理教师。在平时授课的闲暇，他总喜欢埋头于学院设备优良的实验室里。这段时间，他又对刚刚兴起的电学发生了浓厚的兴趣。

在此之前，电学的发明簿上，已经有了以下记录：

1780 年，意大利的医生伽法尼在一次解剖青蛙时，偶然发现：运用两种不同金属做成的棒和蛙腿接触，蛙腿肌肉会产生短暂的抽搐现象。经过进一步研究，发现这是电流作用的结果，从此揭开了电学的序幕。

1800 年，意大利物理学家伏打，研制出能产生持续电流的装置——伏打电池，从而把想得到电流的人们从手摇起电机中解放了出来。

以上研究，由于受当时条件所限，只是停留在一般性质的讨论上，没有对各有关量之间的数量关系得出结论。因此，这些实验的结果往往因电池的新旧和导线材料的不同而发生变化。

对于有关电学实验的数量关系，德国物理学家兼化学家李特于 1805 年发表了一项研究结果：他认为，电池的效应根据电路的传导度而变化。所谓传导度，是指不同材料组成的导线对电流的传递能力不同。1821 年，英国的著名学者戴维又发现，导线的传导度与导线的截面积成正比。也就是说，导线越粗，对电流的阻碍就越小，即电阻越小。

为了系统地研究电路中电压、电流和电阻三者的关系，欧姆在 1825 年底设计了一个实验：在一个完整的电路中，使电源的电压保持一定，通过变动导线长度依次改变电阻大小，分别测出电流的大小，从而探讨电压、电流和电阻三者之间有没有一定的数量关系。

欧姆进行实验的装置,其主要部分由电源和电流扭秤组成。他起初用伏打电池作为电源,由于工作不稳定而改用温差电池。所谓温差电池,就是使两种不同的金属铋和铜的两端保持一定的温差,一端插入盛有沸水的容器中,另一端放入盛有冰块的容器里。由于温差的作用,这时在金属铋和铜的两端产生了一定大小的电压,可以作为电池的两极向外供电。

电流扭秤可以被用来测量电路中的电流强度。扭秤的指针是一根非常灵敏的磁针,用金丝悬挂起来。当电路中有电流通过时,产生的磁场将会引起磁针偏转,电流越大,指针的偏转角度也越大,从而可以从指针的偏转程度,读出电流的大小。

实验开始时,欧姆选用了八根从同一根铜线上切下来的一组导体,它们的长度各不相同,分别为 2、4、6、10、18、34、66、130 英寸[①]。然后依次将这些导体接入电路,欧姆详细地记录了各组数据。

为了整理归纳大量的实验数据,从这年一月开始,欧姆请了一年多的长假,寄居在柏林弟弟家中,埋头写他的实验论文。第二年,他的《数学上处理的伽法尼电路》一文问世了。在文章中,作者全面阐述了欧姆定律,总结出著名的公式 $I=\dfrac{U}{R}$(当时记作 $S=\dfrac{A}{L}$),并明确指出,电路中电流的大小与电压成正比,与电路的电阻成反比。欧姆定律具体地反映了电流、电压和电阻的数量关系。

欧姆定律的发表,在当时的德国并没有受到应有的重视。恰恰相反,在大学的教授中,却遭到了"空想的产物""难以医治的妄想之结果"的嘲笑。面对不公平的待遇,欧姆非常失望,愤然辞去了教职,他坚信,用实验证明了的定律是任何诬蔑性的语言都无法扼杀的。

使人感到欣慰的是,几年以后,欧姆的研究成果传到了科学发达的英、法等国,欧姆定律作为一项用途广泛的、揭示了电学重要规律的发明,大受称赞。英国皇家学会于 1841 年颁发给他一枚柯普利奖章,1849 年他又受聘当上了慕尼黑大学的物理学教授。1881 年,第一届国际电气工程师会议

①1 英寸约等于 0.0254 米。

在巴黎召开,会上决定将电阻的单位用"欧姆"表示,以表彰他在电学方面的杰出功绩。

有线电报和莫尔斯电码

在电这个庞大的家族中,电报是早期为人类服务的成员之一。至今为止,它已经为我们辛勤工作180多年。

可是,你知道电报是谁发明的吗?我们今天所用的电报语言——电码,又是怎样产生的呢?使人难以预料的是,发明电报和电码的人,是一个原来对电学一无所知的门外汉,名叫莫尔斯。

莫尔斯原来是美国的一个画师,一个偶然的机会,使他和电报结下了不解之缘。那还是在1832年10月,莫尔斯搭乘"萨丽"号邮船从欧洲大陆返回纽约的旅途中,和一位年轻医生杰克逊同船。热心科学的杰克逊在船上不甘寂寞,在宽敞的餐厅里组织了一次关于电磁铁最新实验成果的演讲。杰克逊拿着一块上面缠有许多圈导线的铁块,当导线通电后,产生的磁力迅速地把桌上的铁叉、铁匙吸引上来。断开电源后,磁力立即消失,铁叉、铁匙又纷纷落下来。

这神奇般的实验,引起了画师的极大兴趣。莫尔斯问医生:"电流通过导线的速度有多快?"杰克逊告诉他:"速度是非常惊人的,不论导线有多长,电流几乎一瞬间就能通过。""一瞬间就能通过",莫尔斯若有所思地重复着这句话,不由联想起这次到欧洲旅行,与远在美国的家人通信,每次都需经一两个月才能到达家人的手里。他设想,如果电流能用来通信,那将是多么方便迅速啊!

莫尔斯决心把这个大胆的设想变为现实。回到纽约后,他就动手开始进行这项工作。可是在具体实验的过程中,莫尔斯对有关知识一无所知,他虚心地求教于化学教授盖尔,学习如何组装电池;他还请教了发现电磁感应现象的物理学家亨利,学习电磁铁功能的知识。

设计中首先需要解决的关键问题,是如何用电信号来表达收发报双方

145

都能明白的语言。在这以前,曾有人设计了一种用26根导线,分别传送26个英文字母的设备,不同的字母组合在一起就是不同的单词。比如要将He(他)这个信息传给对方,只需分别把代表H和e的两根导线通上电就行了。但是这种传递信息的方法太费导线,因此没有得到推广。

在总结前人经验教训的基础上,经过反复试验,莫尔斯提出了一套非常简便易行的电报语言,这种电报语言就是一直沿用至今的"莫尔斯电码"。利用莫尔斯电码发报,只需要两根导线,电报电流从一根导线流出,再从另一根导线流回来,这比起用26根导线发报简直是一个飞跃。

那么,什么是莫尔斯电码呢?

莫尔斯电码是靠"接通"和"断开"电路的方法,借助于"点"(接通电路的时间短)、"划"(接通电路的时间长)的不同组合,来表示各种字母和数字。比如一点加上一划"·—",就是一个特定的符号,用来代表英文字母A。

同样,我们可以用"—···"来表示B,用"—·—·"来表示C,或者用"·————"来表示1,用"··———"来表示2,等等。

这样,只要有36个符号,就可以代表全部26个英文字母和10个阿拉伯数字,并用它们来组成任何的字和数。比如要表示"再见",英文是"Bye Bye",用莫尔斯电码来表示就是"—···—·——··—·—··——"。

设计巧妙、容易掌握的莫尔斯电码,为整个试验创造了良好的开端。经过六年的艰苦努力,莫尔斯在机械师贝尔的帮助下,终于在1838年研制成功了世界上第一台电报装置。尽管当时这台装置设备简陋,通报距离还只有十几米,但它是人类通讯史上一台前所未有的电气通信工具。莫尔斯关于用电传递信息的理想,终于变成了现实。

贝尔和电话

莫尔斯的有线电报作为一种新兴的通信工具出现以后,迅速得到了推广使用,人们对电在实际生活中竟能发挥出这种神奇的作用,产生了极强烈的兴趣。另一方面,有线电报引起了科技界和工商界的注意,一个大规模的电学应用的发明热潮正在形成，爱迪生、西门子等大发明家都在向电学应用的各个领域进军。

有线电报使用不久，人们发现，电报是通过导线中电流长短的变化和组合来传递信息的，使用的时候要先把文字译成电码发送出来，接收以后又要将电码译成文字，使用起来比较费时、麻烦。能不能再发展一步，让电流直接传播声音呢？当时有许多人这么思考着。

这个想法引起了很多人的兴趣，他们纷纷投入了实验。可是声音是物体在振动的时候发出的，要想让它在导线中传播，可不是一件容易事。20多年过去了，人们做过各种各样的尝试，先后都失败了。

这个难关终于被一个年仅28岁的青年学者亚历山大·贝尔突破了。

贝尔出生在英格兰的一个声学世家。他的祖父和父亲都是从事聋哑人工作的，因此，贝尔从小就懂得了许多人类语言方面的知识。在爱丁堡大学读书时，贝尔选择了声学专业，毕业后，他曾经担任过聋哑学校的教师。由于职业上的原因，他研究过听和说的生理功能。后来贝尔随父亲从英国移居加拿大，以后又移居到美国。在美国，他应聘到波士顿大学讲授生理学的课程。

莫尔斯的有线电报发明以后，贝尔就想，我们既然能利用电信号来传递文字符号，为什么不能用电信号来传递声音呢？因此他决心研究一种能够传递声波的仪器——电话。

为了弥补自己有限的电学知识，贝尔邀请了电学讲师沃森做自己的助手。

147

要研制成电话，首先需要解决的问题，是要将声信号变成电信号，再把电信号还原成声信号。怎样才能实现这个转换呢？

一天，贝尔在实验中发现，当电流通过线圈突然截止时，线圈会发出轻微的噪声。于是他联想到：空气能使薄膜振动而发出声音，如果用电使薄膜振动，人的声音不就可以凭借电流传送出去吗？

贝尔高兴地把自己的想法告诉了几位电学专家。没想到，迎面泼来的竟是一盆盆冷水，一位教授对当时只有26岁的贝尔说："你只要多读两遍《电学入门》，你的妄想自然就会消失了。"还有人用轻蔑的口气嘲笑贝尔，说他是"想让导线说话的疯子"。

贝尔并没有因此而退却，他坚信自己的设想是有科学性的，"导线总有一天会'说话'"！

为了早日试验出能通话的仪器，贝尔和他的助手沃森全力以赴地干了起来。贝尔的设计思想反映出的物理原理很简单，就是在仪器的发话器这一端讲话，声音通过金属薄膜振动而使线圈中产生变化的电流，电流沿导线传送到另一端的受话器中，受话器中的电磁线圈由于电流作用产生的磁力吸动金属薄膜，从而振动空气而发声。根据这一原理，他们很快制造出了两部电话装置。一部设在实验室里，另一部设在相隔20多米的另一个房间里，中间用导线连接起来。开始进行通话试验时，他们失败了。在以后的几年时间里，他们不断地改进仪器，一次又一次地实验，当他们对着各自的通话装置喊话时，回答他们的开始是沉默，经过改进后，渐渐有了"咯啦""咯啦"微弱不清的机器杂音。贝尔相信，只要坚持实验，这机器总有一天会创造奇迹的。

1875年6月2日，沃森正在房间里工作，当他将修改后的仪器重新组装好之后，突然受话器里传来了贝尔的声音："沃森，快来呀，快！"，沃森先是一愣，当他明白这是怎么回事之后，高兴地叫喊起来："听到了，听到了！"。沃森大步跑到贝尔的实验室里，将刚才发生的事情告诉了贝尔。原来，贝尔在实验室里准备实验时，不慎将几滴硫酸溅到

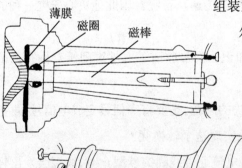

薄膜　磁圈　磁棒

最早的电话

腿上，他在惊慌之中，大声呼唤起沃森来，没想到这声音通过刚改进后的通话器传到了沃森的耳朵里，成为历史上通过电话机传送的第一句人类的语言。

世界上第一部电话就这样诞生了。

当然，这部电话还不能完全令人满意，它的失真现象比较严重，杂音也很大，而且传送的距离不能过远。针对以上问题，贝尔进一步进行了修改，使电话逐步完善。

贝尔不仅是个发明家，而且是个非常有头脑的企业家。电话试制成功以后，他立即申请了专利，成立了贝尔电话公司，对电话进行大规模的宣传，这在客观上对电话的普及起了推动作用。

1889年，美国的阿尔蒙·斯特罗格在贝尔电话的基础上，完善并实现了自动拨号电话，这种电话我们今天仍在广泛使用着。目前，世界上有数亿台电话机。有的城市电话比人口还多，电话的品种和功能更是今非昔比。

电话的发明，不仅使人类联系的空间和时间大大缩短，而且它对以后科技发展的巨大意义也是难以估量的。今天，在美国华盛顿历史和技术博物馆里，还陈列着当年贝尔设计的第一架电话机原型，以纪念这项伟大的发明。

四、从有线到无线

电磁理论的确立

首先，我们有必要回顾一下法拉第所建立的功绩。

早在1831年，法拉第就发现了物理学上一个重要的现象——电磁感应。但是，在解释电磁感应现象时，法拉第却遇到了困难。

因为根据当时占统治地位的牛顿理论，空间除了粒子以外什么也没有，没有粒子的地方是一无所有的真空。而法拉第对牛顿的理论产生了怀疑，他发现，真空中并不是一无所有，而是充满了一种叫作"场"的物质，电磁感应就是通过"场"这种物质发生作用的。

法拉第还进行了以下实验：

在一根条形磁铁周围撒一些细碎铁屑，铁屑就会描画出一条条曲线，那是因为铁屑在磁铁周围被磁化，变成了无数个小磁针。它们所指示的方向就是磁铁对磁针作用力的方向，因为各点方向不同，所以形成曲线，法拉第把这些曲线叫"磁力线"。他认为磁铁周围的空间存在着磁力线，磁力线形象地描绘出了磁极之间的相互作用关系，就是在真空中仍然是这样。他还指出，充满磁力线的空间是磁场，磁力线就是用来形象描绘"磁场"这种特殊物质的。

另一方面，牛顿派认为，电力和磁力的作用与万有引力一样，都是属于一种超距作用，它们的作用中间不需要任何物质作介质，而且传播不花费时间。法拉第否认超距作用的存在，认为磁力和电力是以场这种物质为媒介，以波的形式传播。在他所著《电学实验研究》中，正式用充满力线的场取代了牛顿的真空，用力在场中以波的形式和有限的速度传播取代了牛顿的超距作用。

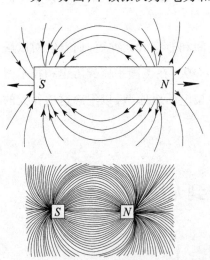

磁力线

当然，法拉第关于场和力线的概念还相当粗糙，他没有能力对它们进行数学的概括和分析，只能作种种感性的描述，不能在理论上加以提高。法拉第赋予场和力线种种神奇的性质，却没有给出严格的推导和证明，这使许多人对他的理论半信半疑。连接电磁理论的大桥要真正发挥出它的作用,需要稳固有力的桥墩的支持。

在以后很长一段时间里,法拉第的思想和牛顿的理论一直处在僵持不下的微妙阶段,这个局面最终被法拉第的同胞、一个年轻的数学物理学家麦克斯韦打破。

麦克斯韦1831年出生在英格兰的爱丁堡,那年正好是法拉第发现电磁感应定律。麦克斯韦从小受父亲的影响,对科学发生了兴趣,不到十岁时,就跟随父亲到爱丁堡皇家学会听科学讲座。他在15岁那年,就向皇家学会递交了一篇数学论文,论述椭圆等二次曲线的作图问题,后来这篇论文在《爱丁堡皇家学会学报》上发表。

1854年,麦克斯韦毕业于人才荟萃的剑桥大学。第二年,他读到了法拉第的《电学实验研究》,立即被书中新颖的见解所吸引,同时,他也洞察出这位实验大师的学说尚缺乏理论的严谨性。麦克斯韦经过几个月的埋头研究,他用自己掌握的有力工具——数学,对力线进行探讨,同年发表了第一篇有关电磁学的论文《论法拉第的力线》。

1860年秋天,麦克斯韦受聘到伦敦皇家学院担任教授,这使他有机会拜会法拉第。对后来电学的发展来说,这无疑是一次历史性的会见。两位学者坐到了一起,一位是年近七旬的实验巨匠,另一位是只有29岁的年轻有为的数学高手,他们一见如故,忘记了两人之间存在着40岁的年龄差距,马上谈起了他们共同关心的问题——场、力线、电、磁……

一对忘年交开始了他们密切的合作。法拉第见长于实验探索,麦克斯韦善于理论概括;法拉第用直观形象的方法表达物理规律,麦克斯韦用惊人的数学才能,把它总结提高到理论。

这次会见以后,麦克斯韦加快了对电磁理论的研究。1862年,他发表了《论物理的力线》。在这篇论文中,麦克斯韦提出了位移电流的重要概念。他将电流划分为传导电流和位移电流两种。40年前,奥斯特发现了电流的磁效应时,电流作用很明显,它是通过导体传播的,能使导线发热,能电解化合物,这种电流叫传导电流。另一种是变化的电场具有电流的某些性质,但是它不明显,叫位移电流。

有了位移电流作基础,麦克斯韦1865年发表了《电磁场动力学》一文,提出了一组完整的描述电磁场运动规律的方程——麦克斯韦方程,这组方程用完美严密的数学手段,将电磁场理论推上了一个新的高峰。

根据这组方程,麦克斯韦指出,任何变化的电场都会在它周围空间产生变化的磁场;这个变化的磁场又会在它周围空间产生变化的电场;新的变化电场又产生新的变化磁场。这样交替下去:变化的磁场→变化的电场→变化的磁场……从而就形成了电磁波。

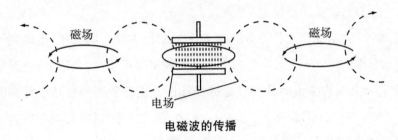

电磁波的传播

麦克斯韦方程说明,法拉第的电磁理论不仅是可以解释的,而且电磁现象中的有关量是可以计算出来的,它使人们不再怀疑,电磁场是实际存在的。

赫兹的电偶极子

麦克斯韦建立的电磁场理论,通过他的一组著名的方程表达得完美无缺,虽然具有独创性,但毕竟是很深奥的,当时真正能理解它的人寥寥无几。

当麦克斯韦在大学课堂上讲述他的电磁理论时,学生们认为"又玄又深",以至在他去世的那年,听他讲课的学生仅仅剩下两个。甚至连欧洲当时颇有名气的物理学家亥姆霍兹这样富有革新思想的人,也花费了很长时间才能接受它。

"麦克斯韦的理论仿佛是一个拱顶,架设在满是未知数的深坑之上,如果要以这个圆拱作为稳固基础并在这上面造房子，就需要有坚实基础的、建立在拱顶中央的特殊的顶梁柱。"说这话的人是亥姆霍兹的学生——德国青年物理学家海因里希·赫兹。就是他后来通过一个著名的实验，在麦克斯韦理论的圆拱下建立了一根有力的顶梁柱，从而使麦克斯韦预言的电磁波清楚地展现在人们眼前。

赫兹1857年出生在德国汉堡，在他20岁时，进入慕尼黑大学学习，第二年，又转到柏林大学专攻物理学，成为亥姆霍兹的学生。亥姆霍兹曾经鼓励赫兹研究麦克斯韦的电磁理论，他甚至还在学校的一次物理竞赛中，提出了一个用实验检验麦克斯韦理论正确性的题目，难倒了所有的参赛者。从此，赫兹对麦克斯韦的理论产生了兴趣，以至毕业以后，这个问题一直盘旋在赫兹的脑海之中。

1885年，赫兹应聘到卡尔鲁斯高等工业学院担任物理教授。第二年秋季的一天，赫兹在实验室内用放电线圈做火花放电实验，实验中的一个奇异现象引起了他的注意：每当放电线圈放电时，在几米外的另一个开口的绝缘线圈中就会迸发出一束小火花，是什么原因造成这样一种现象呢？

赫兹不觉联想到声学中的音叉共振实验。当两个同样的音叉相隔一定距离并排放着的时候，只要其中一个音叉受到敲击而发音，另一个音叉也会同样发出声音来，就好像也受到了敲打一样。物理学中把这个现象叫"声谐振"。由此，赫兹敏感地意识到是否还存在着"电谐振"。

他想，根据麦克斯韦的电磁理论，变化的电场和变化的磁场将以电磁波的形式向四周空间辐射，那么，这跳跃的小火花是否意味着电磁波在空间传播呢？

赫兹马上开始进行系统的试验。首先，他设计了一个电磁波发生器。他在感应线圈的两根电极上各接一根12英寸长的铜棒，每根铜棒的一头接一块边长16英寸①的正方形锌板，另一头接黄铜小球。两个黄铜小球互

153

---

① 1英寸等于0.0254米。

相对着,组成了发生器。通电后,这组发生器的铜球之间能产生高频振荡火花。

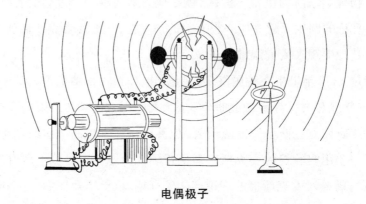

电偶极子

另外,赫兹还用一根较细的铜导线弯成圆弧形,两端各接一个可以调节距离的黄铜小球,这样就组成了用来接收电磁波的检波器。

实验在一间漆黑的实验室里进行。赫兹将检波器放在离电磁波发生器 10 米左右的地方,当发生器通电后,适当调节检波器的方向和两个小铜球之间的距离,检波器的两个小铜球之间就会迸发出一束很小的蓝色火花。实验终于成功了! 这说明通过发生器发射出来的电磁波,确确实实被检波器接收到了。

赫兹后来在学校的小礼堂里向他的学生们表演了这个实验。他在讲台的一侧让电火花在一个感应线圈发生器上跳动,从而使讲台另一侧的检波器产生小火花。这样,赫兹成为第一个利用"火花信号"传递信息的人。

1887 年 11 月 10 日,赫兹向德国科学院提出报告,正式向学术界公布了他如何用实验的方法,无可怀疑地证明了法拉第和麦克斯韦理论及电磁波的预言的正确性。赫兹写道:"所有这些实验,基本上都是很简单的,但是它们产生了一些最重要的结论。这些结论完全推翻了任何关于电力没有时间性地跳入空间的理论,意味着麦克斯韦学说的光辉胜利。"谁也没有想到,年轻无名的赫兹用这样简单平常的仪器,竟验证了麦克斯韦的高深理论。

赫兹不仅证实了电磁波的存在,而且还研究了它的性质。他不断改变检波器和发生器之间的距离,来确定电磁波的波长。他发现,火花较亮的地方,就是波峰或波谷;完全没有火花产生的地方,就是波峰与波谷之间的零值,从而求出了辐射的波长在60厘米至几米的范围内,同时赫兹还根据电磁波波长和频率的关系,算出电磁波的传播速度刚好是每秒30万千米,和光的速度一样。这又从另一个侧面证实了麦克斯韦的预言。

从法拉第到麦克斯韦,再从麦克斯韦到赫兹,电磁场理论经历了一个从播种→辛勤地浇灌耕耘→收获的全过程,到赫兹手里,它已经作为一颗成熟的硕果奉献给了科学界。

无线电的诞生

赫兹虽然用实验有力地验证了麦克斯韦的电磁理论,但令人遗憾的是,他没有进一步去探索电磁波的应用,反而断言说电磁波"没有什么用处"。

为什么赫兹会得出如此悲观的结论呢?

原来,他在研究电磁波的性质时,得知电磁波的传播速度不仅和光相同,而且一样具有反射和折射的本领。他想,如果要利用电磁波在较远的距离传播信号,沿地面传播的电磁波由于地面建筑和高山的影响,不可能传得很远;天空倒可以利用电磁波传播,但又没有办法使它反射到远处的地面,所以赫兹否定了电磁波有为人类服务的可能。他说:"如果要利用电磁波进行无线电通信,除非有一面和欧洲大陆面积差不多的巨型反射镜才行。"当然,不仅在那个时代,就是在科技高度发达的今天,制造这样的大面积的反射镜也是不可能的。其实,地球周围的大气层就是一面天然的反射镜,它具有良好的反射电磁波的性能。

赫兹发现了电磁波,使人们看到了电学应用的新曙光,可是,他又自己否定了电磁波投入实际应用的可行性,在刚刚出现的曙光面前又扯上了一大片乌云。

155

另一方面,我们来看看当时世界通信手段的情况。

有线电报和电话开创了电学通信的新纪元,虽然它们被很快地推广运用到各个领域,但由于它们都离不开导线,致使它们无法满足所有的通信要求。如在沙漠地带、沼泽地和原始森林地区,根本无法架设电报和电话线路。特别是对于大规模兴起的海上交通运输的通信需要,有线电报和电话就显得无能为力了。

但是,海上的船只与船只之间,海岸与船队之间,不能老是靠落后的旗语来联络吧!科学的发展需要寻找一种更新更简便的通信手段,无线电通信成了电通信发展的必然趋势。

1889年的春天,在证实电磁波实验成功的两年以后,当时俄国一所军事学校的教员亚历山大·波波夫在参加一次理化协会的例会时,看到了赫兹实验的表演。遗憾的是,在实验进行的过程中,尽管用幕布遮黑了整个大厅,但只有紧挨着仪器的少数几个人,才勉强看到有微弱的火花产生。

即使这样,波波夫还是从微弱的火花中看到它实际应用的广阔前景,他开始努力探索改进这种仪器的方法。

1891年,波波夫从一份资料中得知,法国有一位叫爱德华·布兰利的科学家发现了一个很有趣的现象:有一种装在管子里的金属粉末,在通常情况下会给电流的经过造成很大的阻力;当有电磁波产生的时候,这些金属粉末立刻活跃起来,它们紧紧地挤作一堆,让电流比较顺利地通过。

波波夫兴致勃勃地研究着布兰利的发现,他认为这种管子有可能用来检验电磁波的发射。波波夫仔细研究了不同成分和不同颗粒大小粉末的性质,比较了在有电波出现时各种粉末的导电本领,并且制造了各种不同形状和长度的管子,把电波放在不同位置上去观察所得的结果,最后终于制成了可以比较灵敏地接收电磁波的"金属粉末检波器"。

有了这种金属粉末检波器,波波夫就想到,如果把它以适当的方式同莫尔斯的发报装置连接起来,再在火花感应圈前安装一个莫尔斯电键,不就可以用在空间传播的电磁波来代替有线电报中的金属导线传递信号了吗?

波波夫在赫兹和布兰利研究的基础上开始了自己的实验,经过几年的努力,他终于把这种装置成功研制出来。

1895 年 5 月 7 日,波波夫在彼得堡举行的一次科学会议期间,向代表们表演了他的第一台能够接收由远处雷电引起的电磁波的仪器。波波夫把这台仪器叫作"雷电指示器"。

雷电指示器由一个金属粉末检波器、一个继电器和一个电铃组成。为了提高仪器的接收范围和灵敏度,波波夫用金属丝拉了一条线,把这条线和粉末检波器连接起来。这样,他就发明了无线电设备中最重要的部件之一——天线。在表演的过程中,这台仪器成功地接收到了由雷电产生的电磁波。紧接着,波波夫又在雷电指示器的基础上加以改进,研制了一套可以真正用于通信目的的发射机和接收机。

1896 年 3 月 24 日,波波夫在 250 米的距离内发射了世界上第一份无线电报,并由接收机上的一个莫尔斯记录器记录下来,电文是:"海因里希·赫兹。"波波夫以最好的形式纪念了这位发现电磁波的先驱。

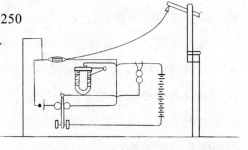

波波夫的发报机

几乎和波波夫同时,意大利的一位青年工程师马可尼也在摸索一条无线电通信的道路。1896 年的秋天,他也应用火花圈感应线圈、金属粉末检波器和天线,成功地进行了几百米范围内的无线电通信。

157

马可尼虽然在公开实验无线电通信上稍晚于波波夫,但是他在发展提高无线电通信的距离方面,却做出了杰出的贡献。

1899 年 3 月,马可尼实现了英国和法国海岸间相隔 45 千米的通信。接着,他提出了越过大西洋进行无线电通信的宏伟计划。当时有许多人怀疑,在通过大西洋 3700 千米的遥远距离之后,电磁波是否还能收到。

马可尼大胆地实施了他的计划。他在英国的康沃尔建立了一个装备有大功率发射机和先进天线设备的发射台;接收台设在大西洋对岸的加拿大的纽芬兰海岸。1901 年 12 月,在纽芬兰海岸收到了由英国发出的事先商定好的莫尔斯电码"S"。首次横跨大西洋的无线电通信试验终于成功了!

看不见的光

1895 年一个寒冷的冬夜,在德国匹兹堡大学的实验室里,一位年过半百的老教授正在为一项实验忙碌着,他名叫威廉·康拉德·伦琴。

早在 1836 年,英国科学家法拉第发现,在稀薄气体中放电时会产生一种色彩绚丽的辉光,后来德国物理学家哥尔德斯坦正式称这种辉光放电是"阴极射线"。当时欧洲学术界对"阴极射线究竟是什么"这一问题,展开了长期而激烈的争论,伦琴教授也卷了进去。为了弄清阴极射线的性质,他花了几个月的时间对它进行系统的研究。

这天夜晚,伦琴又在进行阴极射线的实验。他把一对金属电极密封在一只玻璃管的两端,然后抽去管内的空气,制成简单的阴极射线管。当在一对金属电极两端加上高电压时,阴极就会发射出高速的电子流。如让这束电子流通过一片薄的铝窗,打到一幅涂了铂氰化钡的屏幕上,就会发出美丽的荧光来。

时间已经很晚了,伦琴教授熄了灯,准备最后做一次阴极射线的实验。他把火花感应器通上电流,不久,感应器中的线圈就发出了轻微的嗡嗡声,高压产生了! 这时,伦琴突然想起他忘记拿掉盖在阴极射线管周围的黑纸板套子。他走向桌边,打算取火柴把灯重新点亮。忽然,他被一种奇异的现象惊呆了:涂着铂氰化钡的屏幕上,不知什么原因竟闪烁着一片黄绿色的荧光。伦琴切断电流后,这片荧光就消失了,再接上电源,光亮又重新出现了。真是奇怪! 阴极射线管被黑纸板遮得严严实实,绝不会有光透射出来,而且伦琴以前用实验验证过,肯定阴极射线不会穿透纸板。那么,屏幕上的荧光是怎么回事呢? 难道从阴极射线管里还能发出另一种射线,它能穿透黑纸板,映射在屏幕上吗?

伦琴一边思索着,一边走近屏幕。他顺手拿起一本书挡在阴极射线管和屏幕之间,看看会有什么变化。真有意思,荧光继续闪烁着,只是光线稍微减弱了一些。伦琴又换了一块小木板放在中间,屏幕上的荧光仍未消失。伦琴实在感到惊讶,他这一辈子曾做过不少精彩的实验,可是像这样令人不可思议的现象还从来没有遇到过。你想想看,光线居然射透了书和木板这些不透明的材料。

什么能挡住它呢?伦琴在周围竟一时找不出合适的东西了。书、木板、玻璃板、橡胶板等都一一试过了,它们都无法挡住这奇异的射线。这时,伦琴在有意无意之中,把自己的手伸向管子与屏幕之间,屏幕上出现的情况又一次使他惊呆了。他在屏幕上看到自己的手完全变了样,好像是拼凑起来的几根黑乎乎的干树枝。伦琴弯曲手指,屏幕上的图像也随手指的动作而动作,他明白了,这是自己手指的骨骼留下的黑影。这射线能穿透皮肤和肌肉,但是它被骨骼挡住了。

这一重大发现,使伦琴兴奋的心情难以平静下来。但是,科学家严肃的工作态度又使他很快冷静下来。一连几个星期,伦琴把自己关在实验室里,继续研究着这种新射线的性质,并为这种现象找出理论根据。

伦琴还发现,这种不知名的新射线能使照相底片感光,他成功地给自己的妻子的手拍下了第一张新射线的照片。照片上,骨骼的线条清晰,甚至连结婚戒指的影像都一清二楚。

在完成一系列实验之后,伦琴于1895年12月28日向匹兹堡物理学医学学会递交了他的第一篇论文——《一种新射线的报告》。在该报告中,伦琴详尽地记述了实验装置及方法,初步发现的新射线的性质,如直线传播、穿透力强、不随磁场偏转等。1896年元旦,伦琴将他的论文和第一批新射线照片的复制件分送给玻尔兹曼、开尔文等一些著名的科学家。几天以后,这个发现像旋风一样传遍了全世界,其传播之迅速、反应之强烈在科学史上是罕见的。

1896年1月4日,新射线的照片被列为在柏林物理研究所举办的"纪

159

念柏林物理学会成立50周年"展览会的展品;1月5日,维也纳《新闻报》率先第一个做了报道;接着第二天,伦敦《每日纪事》向世界各地发布了发现这种新射线的新闻。随后世界各地的报纸杂志竞相报道,一时间,新射线的发现风靡全世界。

许多国家的科学家,千里迢迢赶来拜访伦琴,要亲眼一睹这个奇迹。远近四方的记者更是蜂拥而至,采访伦琴。有一位美国报社的记者想了解射线的来龙去脉,便向伦琴问道:

"这射线是光吗?教授。"

"不是。光应该是有一定波长的,可是这种射线的波长一直没能测出来。"

"那么它是带电的微粒吧?"

"也不是。"伦琴又摇了摇头,"我做了一些实验,没有发现它具有电磁感应的现象。"

"那么,它究竟是什么呢?"

"我目前还不知道。"伦琴实事求是地回答,"它就像数学里的未知量——X,对了,我们就把它叫作X射线吧。"

从此,X射线就这么问世了。

其实,早在伦琴之前,科学界曾有几次发现X射线的机会,但都被先后错过了。

1879年,阴极射线管的发明者、英国物理学家克鲁克斯在做高真空放电管实验的时候,曾经发现在管子附近的照相底片上有模糊阴影产生,这正是X射线留下的踪迹,可是他却忽略了这一重要现象。

11年以后,美国有两位科学家,古兹皮德和詹宁斯,在进行阴极射线管实验时,也发现过同样的现象。古兹皮德甚至在无意中拍摄了一张X射线的照片,可惜最后却被他当废纸扔掉了。

后来,德国科学家赫兹和勒纳德曾先后观察到阴极射线管附近出现的荧光,这是被X射线激发后产生的。但他们的注意力都集中在研究阴极射线的穿透力上,又一次和X射线失之交臂。

但是，当 X 射线在伦琴面前稍一闪现时，就被这位具有丰富经验和敏锐洞察力的教授一下子抓住了。这里面虽然也包含着某种偶然的因素，是一种机遇，但正如 19 世纪法国著名微生物学家巴斯德所说："机遇只偏爱那种有准备头脑的人。"

X 射线这个了不起的发现，打开了现代物理学的大门，开辟了投入实际应用的广阔前景。作为一种医疗诊断的有力工具，X 光透视机拯救了成千上万人的生命。今天，X 射线还是人们用来进行金属探伤、研究物质内部晶体结构等的重要手段。

1901 年，伦琴因为 X 射线的伟大发现而荣获了首届诺贝尔奖，他是物理学界第一个获得这个最高科学荣誉的人。

第五篇　现代物理学的兴起

一、在更高的台阶上

居里夫人和放射性

19世纪末到20世纪初，物理学史上发生了两起很重要的事件：一件是电子的发现，它打开了人类认识物质微观世界的大门；另一件是关于天然放射性的发现。谁曾想到，天然放射性最早的发现，竟是在一次错误实验设计下意外促成的。

1895年，伦琴发现X射线的消息传到巴黎，立即掀起了一股研究X射线的热潮。法国科学院院士、善于研究荧光物质的物理学家贝克勒尔注意到，阴极射线管在产生具有穿透力的不可见光——X射线的同时，也可以产生没有穿透力的可见光——荧光。那么，荧光和X射线之间有什么关系呢？

为了验证这一设想，贝克勒尔精心安排了一项实验。他用一种晶体铀盐作为荧光物质，把它和一张用黑纸包得密不透光的照相底片放在一起，然后放在太阳光下照射。他设想，由于太阳光不能穿透黑纸，因此，太阳光本身不会使照相底片感光。但是，太阳光中的紫外线会激发荧光物质产生荧光辐射，如果伴随荧光能产生X射线的话，那么，X射线就会使黑纸包里的照相底片感光。

实验结果,照相底片确实感光了。这似乎证明贝克勒尔的设想是正确的,因为当时人们只知道,唯有 X 射线具备穿透黑纸使底片感光的能力。

正当贝克勒尔想继续这个实验时,遇到了连绵阴雨天,他只好懊恼地把铀盐和照相底片一起锁进抽屉里。几天以后,细心的贝克勒尔将抽屉里的底片取出冲洗后,却惊奇地发现,底片显然受到强辐射的作用而感了光。荧光物质没见阳光,不会发荧光,当然也无从激发 X 射线了,底片怎么会感光呢?

经过反复摸索,贝克勒尔发现,只要照相底片放在铀盐的附近,不管在多么黑暗的地方,底片都会感光,而且感光阴影正好是铀盐的像。这时贝克勒尔才醒悟,他原来关于荧光物质产生 X 射线的设想是错误的。

谜底终于揭开了:铀及其化合物会自发地放出一种不同于 X 射线的新射线。这就是天然放射性。

贝克勒尔发现放射性的消息公布以后,在巴黎立即引起一对从事科学研究的年轻夫妇的特别注意,他们就是曾为人类科学事业做出杰出贡献的皮埃尔·居里和玛丽·居里。

对于玛丽·居里,人们习惯称她为居里夫人。1867 年 11 月 7 日,居里夫人出生在波兰华沙一个中学教师家庭。高小毕业后,由于家境困难,她暂时放弃深造的计划,到外地当了 6 年家庭教师。这期间,她仍利用不多的空闲时间坚持学习。

1891 年,居里夫人终于来到巴黎,进入索邦学院攻读物理学。1893 年,她以第一名考取物理学硕士学位。在准备实验研究、撰写毕业论文期间,她遇上了实验物理大师皮埃尔·居里,并于 1895 年结婚。从此,居里夫人和她的丈夫开始了共同的科学生涯。

在贝克勒尔的基础上,居里夫人首先深入研究了铀的放射现象,了解到放射现象是铀原子的一种特性。她继而提出,其他元素有没有放射性呢?为了回答这个问题,居里夫人决定考查所有已经知道的化学元素。她把实验室的化学药品一个一个拿来,测定它们是否有放射性。

1896 年的一天,居里夫人对一块沥青铀矿感到困惑不解。这块矿石的放射性非常强,根据测定,这块沥青铀矿石所具有的放射能,比同体积纯净的氧化铀还要强烈,而且强烈程度超过了 4 倍。

这个结果使居里夫人感到十分惊奇,"肯定是我在什么地方搞错了!"居里夫人这么想着,接着又将实验从头至尾重复了几遍,但每次都获得同样的结果。

现在,居里夫人不得不重新思考这个问题了。这种比铀还强烈得多的放射性来自何处呢? 只有一种可能的解释:这些沥青铀矿中,必定包含着某种分量极少、但放射性比铀强得多的物质。但目前已知的所有元素中,还没有什么元素比铀的放射性更强,这就是说,沥青铀矿中含有人们尚未发现的新物质。

为了找出这种新物质,居里夫人决心要大干一番。她的丈夫皮埃尔·居里敏锐地感到这项研究事关重大,果断停下自己手中有关晶体的研究项目,和居里夫人一起来搜寻这种人类还不曾知道的新元素。

但是,摆在面前的困难接二连三。居里只是巴黎理化专科学校的一名普通教授,没有专门的研究经费和实验室,居里夫人更不用说,只不过是既无工资又无名义的居里的助手。

为了提炼这种未知元素,他们需要大量的沥青铀矿石,但这种矿石价格昂贵。能不能用提取完铀以后的废矿渣呢? 这一想法经证明,果然可行。可是,沥青铀矿的产地远在奥地利,居里夫妇给矿山董事会写了一封诚恳的信,要求用合理的价格购买一些对于矿上来说没有价值的废矿渣。不久,他们的请求得到鼓舞人心的答复,矿山董事会准备免费赠送他们一吨废矿渣。

有了原料,可是在哪里提炼这一吨废矿渣呢? 在实在没法可想的情况下,居里夫妇经校方同意,决定将学校操场边一间早已废弃的破旧木棚利用起来。当时,棚内只有两张破旧的桌子,一块黑板和一只生锈的火炉。

废矿渣的处理提炼工作就这样在家庭手工作坊一样的条件下开始了。

很难想象，当年居里夫妇在进行世界第一流的科研工作时，竟是这样一幅情景：皮埃尔负责提炼中的精密测量和计算，居里夫人负责废矿渣的处理。她每天都要围着一件布满化学酸迹的围裙，守在热气腾腾的铁锅旁忙个不停。锅里沸腾着的稠厚原料突突冒着泡，放出来的烟雾刺激着她的眼睛和喉咙，她不断地对这些原料进行分离、熬煮、蒸发、滤清、调制，坚持了几年时间。

对于这段集学者、技师、工人的工作于一身的生活，居里夫人后来写道："我们没有钱，没有实验室，得不到任何帮助来顺利完成这项重要而艰巨的任务。在这间蹩脚破旧的小屋里，我度过了自己一生中最美好最幸福的岁月，把一切完全献给了这项工作。我常常花费整天时间干一些调制工作或别的活儿，用一根像我一样高的铁杆进行搅拌。到晚上，累得我筋疲力尽……"

就是在这样条件极端恶劣的环境中，居里夫妇凭着惊人的毅力和为科学献身的精神，终于取得了成功。1898 年 7 月，他们从废矿渣中分离出非常微量的一小撮黑色粉末，经测定，这是一种放射性比铀大四百倍的新元素。在写给法国科学院的报告中，居里夫人取她祖国波兰（Poland）一词的第一个音节，将这种新元素命名为"钋"。

继发现钋之后，他们又发现铀矿石中还含有一种放射性比钋更强的物质，又经过几个月的艰苦提炼，就在这一年圣诞节过后的翌日，居里夫妇在法国科学院宣布第二个新元素的发现，这就是镭。"镭"一词的拉丁文原意就是"放射"。

镭和钋的发现，不仅给科学界提供了两种用途广泛的放射性元素，更重要的是形成了一种提炼制取放射性元素的方法，这导致了后来大量用人工合成放射性元素的成功。1903 年，居里夫妇由于进行了放射性现象的深入研究，于是和贝克勒尔一起获得了诺贝尔物理学奖。1911 年，居里夫人因为发现了放射性元素钋和镭，又一次获得诺贝尔奖，这使她成为有史以

165

来唯一两次荣获诺贝尔奖的女性。

居里夫人为科学事业做出了巨大贡献,深受各国人民的爱戴和尊敬。她是一个品德十分高尚的科学家,一生过着简朴的科学研究生活,她把两次获得的诺贝尔奖奖金都用来添置实验仪器,送给科学团体和接济贫困的学生。她甚至拒绝了为镭申请专利。

1920年的一天,一位名叫梅洛妮的美国记者来采访居里夫人,当她得知镭并没有使居里夫人变成富翁时,感到很惊讶。居里夫人说:"镭不应该使任何人发财。镭是化学元素,应该属于大家。"记者问她:"如果把世界上所有的东西任你选择,你最愿意要什么?"话一出口,记者后悔自己提了一个"愚蠢的问题"。不料居里夫人迟疑了一下,回答道:"我很想有一克镭来进行科学研究。我无法来买它,对我来说,它太昂贵了。"原来,居里夫人已把她和丈夫用巨大劳动换来的一点点镭,交给巴黎大学镭学院用在医疗方面了。

梅洛妮对居里夫人高尚的品德深为敬佩,回到美国后,由她发起倡议,成立了"居里夫人镭基金协会"。不久以后,协会用募集到的十万美元,为居里夫人购买了一克珍贵的镭。

第二年5月,居里夫人应邀访美,参加由美国总统哈定亲自向她转交这一克镭的仪式。

在举行赠送仪式的前夜,居里夫人看到了"赠送证书",她当即声明:"这个赠送证书必须改变一下。美国贡献的镭应该属于科学,如果按现在的证书上的说法,就意味着一克镭将成为私人也就是我女儿的财产,而这是不可能的。"由于居里夫人的要求,当晚找到了见证人,对证书做了修改。居里夫人的这一高尚举动,至今还被科学界传为美谈。

由于长期和镭这些放射性元素打交道,居里夫人的健康受到了严重损害。1934年7月4日,玛丽·居里,这位深受全世界尊敬的历史上最伟大的女性,因患恶性贫血症——白血病逝世。她之所以患这种疾病,也是由于连续受到放射线辐射的缘故。她的一生正像镭一样,把光和热献给了人

居里夫人

第五篇　现代物理学的兴起

类,却毁灭了自己。

今天,我们在利用放射能造福于人类的时候,将永远铭记贝克勒尔、皮埃尔·居里和居里夫人这些开拓者的伟大功绩。

走在时代前面的人

20世纪初,科学界有一个默默无闻的小人物,单枪匹马地创立了一种几乎是超时代的著名学说,这种学说使以往科学上许多天经地义的观念都发生了动摇,引起了物理学乃至整个自然科学的重大突破和变革。

爱因斯坦

这个小人物成为牛顿之后,世界上无与伦比的伟大的理论物理学家,他就是阿尔伯特·爱因斯坦。他所创立的著名学说就是现代物理学的主要理论根据之一——相对论。

1879年3月14日,爱因斯坦出生在一个德国犹太人家庭中。幼年时,他很晚才学会说话,父母甚至怀疑他是否智力低下。到了中学时代,爱因斯坦的学业并不出色。实际上,爱因斯坦并不是大脑迟钝。他性格内向,不善于和人交往,总喜欢一个人独立琢磨着什么。对于当时德国学校那种呆板单调的教学方法,他感到很不适应,所以,他主要从家庭教育和自学中获取知识。从叔叔和舅舅那里,他分别学习了许多数学和物理课程。

1894年,由于父亲的小工厂倒闭,他们全家从德国迁居到意大利米兰,这时的爱因斯坦已经对自然科学产生了浓厚的兴趣。后来,爱因斯坦只身来到瑞士,考入苏黎世联邦工业大学,攻读理论物理专业。

1900年,爱因斯坦从大学毕业,可是当时他连一份合适的工作都找不到。失业一年半以后,经一位朋友介绍,他才在伯尔尼市联邦专利局找到一个担任三级专利员的工作。这个工作的内容是审核申请专利的各种发明创造，这使他有机会接触许多最新的科学技术，对他既有启发触动，又有激励作用。同时，由于这份工作比较清闲，使他有了充分学习和思考的时间。

当时物理学界面临的形势是：由伽利略和牛顿开拓的经典物理学理论体系，经历了将近200年的发展，到了19世纪中叶，由于能量守恒和转换定律的发现，热力学和统计物理学的建立，特别是由于法拉第和麦克斯韦在电磁学方面的发现，取得了辉煌的成就。

到了19世纪末，不少物理学家认为，物理学大厦的主要框架已经"一劳永逸"地构成了，好像在物理学范围内，能留给后人研究的只不过是把物理常数测量得更准确一些而已。

当时只剩下少数几个问题还没解决，其中有一个就是久未解开的"以太假说之谜"。

所谓"以太"，是经典物理学为了解释光波的传播问题而假设的一种物质。当时人们认为光不是一种物质，而是在宇宙空间传播的一种机械弹性波。那么这种光波是靠什么媒介来传播的呢？物理学家探索了很久找不到答案，就假设了一种叫"以太"的介质，他们认为"以太"充满了宇宙空间，光的传播就是依靠"以太"的振动来进行的。

如果"以太"真实存在的话，就会随着地球的公转而以一定的速度相对于地球运动，因此，地面上的光源向不同方向发出的光线，应该对地面有不同的速度。

为了证实这种假想，1887年，美国科学家迈克尔逊和莫利使用非常精巧的仪器，进行了有名的测定光速的实验。可是，结果出人意料，各个方向上的光速与"以太"没有关系，是一个相同的数值。

面对这奇妙的事实，当时的物理学家不知如何解释才好。迈克尔逊和莫利感到这个问题关系十分重大，因此，反复多次进行了实验，结果依然如故。

这就是科学界的"以太假说之谜"。

　　1905年,年仅26岁的爱因斯坦以其天才的洞察力,大胆提出,"以太假说"是错误的,自然界根本就没有"以太"这种物质。他在德国《物理学年鉴》上发表了一篇题为《论运动物体的电动力学》的论文,用简单明了的公式表述了自己的理论。

　　更为重要的是,爱因斯坦从否定"以太假说"为突破口,提出了狭义相对论的全新理论。他认为,正如迈克尔逊—莫利实验所表明的,如果光速同光源的运动无关的话,那会导出一些什么结论呢? 结论是:宇宙间既没有绝对的运动,也没有绝对的静止。如果把太阳作为地球的参考系,那么地球就在做一种形式的运动;但是如果把火星作为参考系,那么地球就在做另一种形式的运动。

　　牛顿在奠定他的力学基础时,认为空间和时间是绝对不变的,完全独立的,这一观点已被我们的日常经验所接受。多少世纪以来人们都习惯地认为,时间的流逝到处都相同,当某个时刻降临到地球上时,这一时刻也必定降临到整个宇宙的任何其他地方。

　　但是,爱因斯坦竟然提出了一个崭新的看法:时间的流逝并非到处都一样!

　　爱因斯坦确信,在地球上同时发生的事件,在其他星球上的居民看来却不是同时发生的;不能笼统地谈论对于一切物体的时间,而必须考虑物体间的相对运动。

　　爱因斯坦还提出,能量和质量是同一物质的两个不同的侧面,质量可以转变为能量,能量也可以转变为质量,它们之间的关系用公式 $E=mc^2$ 可以准确地表达出来。E 代表能量,m 代表质量,c 表示光速。

　　所有这些狭义相对论的观点,在当时似乎都是违反常识的,但却与所有的实验事实相吻合,而且它能够成功地解释科学家们用其他方法解释不了的问题。

　　1905年3—9月,爱因斯坦不仅创立了狭义相对论,还先后发表了光电效应理论和解释布朗运动的理论,同时在三个领域取得伟大的科学成就。

一个年轻人在没有名师指导的情况下，孤军奋战，成功地开拓了一个尖端学科，这在科学史上是绝无仅有的。

继建立狭义相对论之后，爱因斯坦又整整用了十年时间，于1915年发表《广义相对论的基础》一文，建立了广义相对论。

爱因斯坦的广义相对论，提出了有关引力性质的新见解，可以导出水星近日点的进动规律这一结论，而牛顿的力学原理对此却无法解释。按照牛顿的引力理论，在太阳引力的作用下，水星的运动轨道应是一个封闭的椭圆。但实际上水星的轨道并不是严格的椭圆，而是每转一圈它的长轴也略有转动，这种转动称为"进动"。爱因斯坦的广义相对论圆满地解释了这个问题。

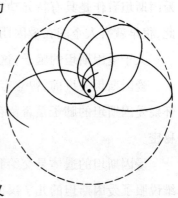

水星轨道椭圆的进动

爱因斯坦还根据广义相对论预言，光线在太阳引力场中将发生弯曲，这被以后的日食观测所证实。这样，爱因斯坦就被科学界公认为20世纪的哥白尼，自牛顿以来最伟大的物理学家。

但是，爱因斯坦的理论并不是很轻易就被科学界接受的。据说，爱因斯坦的相对论问世之初，全世界只有12个人理解他的理论，德国物理学家海森堡曾经说过："在科学史上，也许从来没有过一个先驱者像阿尔伯特·爱因斯坦和他的相对论那样，在他在世时为那么多的人所知道，而他一生的工作只有那么少的人能够懂得。"当时还有不少的著名科学家怀疑甚至反对相对论的学说。以至1921年爱因斯坦被授予诺贝尔物理学奖，但获奖的原因并不是他创立了相对论，而是由于他对光电效应所做的理论说明。

相对论毕竟是一个十分严谨的科学理论。随着时间的推移，它得到了越来越多的人的拥护和支持。说得确切一点，是相对论在现代科学技术手段不断完善的同时，被越来越多的实验所论证。

相对论的观念和方法，对20世纪理论物理学的发展，产生了极为深远的影响,开创了现代物理学的新纪元。同时,爱因斯坦也因此而获得了世界各国广泛一致的称赞,成为有史以来极为杰出和有创见的科学家之一。

爱因斯坦为什么能在科学领域取得如此惊人的成就呢?有许多人把爱因斯坦看作是具有特异功能的奇人,认为他的大脑和一般人的不同,因此,很早就有人企图在爱因斯坦死后,通过研究他的脑子来解开这个谜。

关于爱因斯坦的脑子,这里要顺便说几句。

爱因斯坦去世前,曾立有遗嘱,不愿别人研究他的脑子。因此,许多人怀疑爱因斯坦的脑子是否留存了下来。后来,美国《发现》杂志透露了这个秘密。

爱因斯坦的遗体是交给私人火化的,为他验尸的是病理学者哈维。哈维说服了爱因斯坦的儿子汉斯,将爱因斯坦的脑子保存下来。他把它放在玻璃瓶中,藏在冰箱里。有一位戴蒙德教授得知这个秘密后,说服了哈维,分了一点脑子给她化验。

化验结果确实发现,爱因斯坦的脑子比一般人多73%的神经胶质细胞。但这并不能说明,它与爱因斯坦的高智慧有必然的联系。因此,她没有公布这个数字。她认为,她化验的脑子部位,并不是与人的思维有重要关系的部位,而且从统计学上说也不可靠,理想的对比样本应是50例,而她只与11例一般智力的人脑进行了对比。

那么,是不是神经胶质细胞多的人,就一定比普通人聪明呢?对于这个问题,医学界目前还没有定论。

最后需要指出的是,不管爱因斯坦的人脑和一般人是否相同,善于学习、勤于思考才是他取得最大成就的主要因素。爱因斯坦提出的著名公式很能说明这个问题。

这个公式就是:$A=X+Y+Z$。A 代表成功,X 代表工作,Y 代表休息,Z 就是少说废话。

相对论已被证实

曾经有这样一个科幻故事:说的是有一对兄弟,哥哥比弟弟年长两岁。哥哥在 20 岁时,从事天体研究,当上了宇宙航行员。他以接近光速的速度在宇宙空间遨游了四年半,在他准备返回地面时,打电报叫弟弟去接他。兄弟俩见面的时候,哥哥已经不认识弟弟了,以为是他父亲来了——弟弟已经变成了两鬓斑白的老人。弟弟告诉哥哥,你这一去就是 32 年,我的孩子都有二十四五岁了。

也许有人会说,这个故事编得太离奇了。世界上哪会有这样的怪事,哥哥到头来比弟弟还年轻? 可是,爱因斯坦的相对论在理论上对此却做了肯定的答复。

自从爱因斯坦 1905 年和 1915 年分别发表狭义相对论和广义相对论以来,由于缺少实验证明,有不少人对相对论持怀疑态度,其中包括一些很有名望的科学家。当然,这种怀疑也不是毫无道理的。一种理论,一种假说,要想被人们所公认,必须经过实验的验证。

虽然爱因斯坦的相对论使人感到难以理解,有着一种超出时代的深度,但科学家们还是设法进行了几次有名的实验,来验证这一深奥的理论。

其中有两个实验的效果十分显著。

按照爱因斯坦广义相对论所提出的预言,由于太阳巨大质量的作用,星光在通过太阳附近时,会在空间发生弯曲。这和牛顿提出的光以直线传播的理论截然相反,究竟谁是谁非,需要等待一次日全食的机会来验证。

1919 年 5 月 29 日,在茫茫太空中,发生了人类历史上最重要的一次日全食。数年来,世界上许多的科学家一直热切期待着这次日全食的观测。因为通过这次观测,将证明爱因斯坦四年前提出的广义相对论是否正确。

日全食发生的这一天,英、美、瑞典等国的科学家分别在两个地方设立了观测点。一个在巴西北部的小镇苏布拉尔,一个在西非几内亚湾的一个小岛上。他们在那里安装了精密的观测设备,并准备在日全食发生的短短

173

几分钟内,拍摄几千张照片。

根据爱因斯坦的理论,当一颗星转到日轮背后的某一瞬间,它理应被遮掩而看不见。然而,由于太阳引力场会使星球发出的光线在经过它附近时产生弯曲,在远离太阳的地方,这颗星仍然可见。爱因斯坦甚至还计算出发生弯曲的偏转角为 1.75 弧秒。

经过对观测结果的分析,科学家们发表了两地观测的结果,光线在太阳引力作用下,的确偏离直线而发生了弯曲,弯曲的偏转角为 1.61 ~ 1.98 弧秒。爱因斯坦的科学预言第一次被证实了。

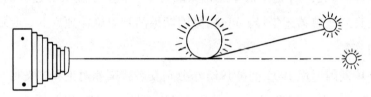

光线经过太阳变弯曲

另外一个有名的实验是在 20 世纪 70 年代做的。

爱因斯坦相对论中有一条内容是这样的:一台时钟所测量的时间,跟它与地球和宇宙中其他天体的相对速度有关。对于一个迅速运动的物体来说,时间的消逝要比一个速度低的物体缓慢。

人们经过计算认为,火箭如以光速的 0.9998 倍的速度飞行的话,同样的 50 年可以飞 2500 光年的距离,即火箭经过的时间,只相当地球上经过时间的 $\frac{1}{50}$。

当然,人类的科学水平还远远没有达到能制造出 0.9998 倍光速火箭的程度,目前只能做一些类似的实验。

1971 年,美国学者凯汀和海拉尔两人,将两台计时精确的原子钟安装在地面上,把另外两台完全相同的原子钟安装在飞机上作环球飞行。他们先由西向东飞行,环球一周;然后由东向西飞行,也环球一周。两次各飞 80

小时,飞机时速为 960 千米,即相对于地球的速度为 960 千米。

赤道处地球自转速度是每小时 1660 千米,因此,当飞机向东飞行时,飞机相对于宇宙空间的速度已达 1660+960 千米,即每小时 2620 千米;而当飞机向西飞行时,飞机相对于宇宙空间的速度只有 1660−960 千米,即每小时 700 千米。而地面上的原子钟相对于宇宙空间的速度始终是 1660 千米。

正是由于地面上的钟与飞机上的钟的相对速度产生了差异,按照相对论的原理就可推知,当飞机向东飞行时,相对于宇宙空间而言,飞机上的原子钟要比地面上的原子钟运动速度快,所以,飞机上的钟要比地面上的钟走得慢;而向西飞行,相对于宇宙空间而言,飞机上的原子钟比地面上的原子钟运动速度慢,所以,飞机上的钟要比地面上的钟走得快。

最后的实验结果是:向东飞行,飞机上的原子钟比地面上的原子钟慢了四百亿分之一秒;向西飞行,飞机上的原子钟比地面上的原子钟快了两千七百五十亿分之一秒。

人们终于成功地用原子钟对比的方法,又一次验证了爱因斯坦的相对论。

二、宏观和微观——兵分两路

回到 2000 年前的课题

人类自有史以来,直到今天,都在探索着这么一个问题:我们面对着的这个千姿百态的世界,到底是由什么构成的? 解答这个基本而又深奥的问题,一直是哲学家和物理学家所追求的目标。

早在 2400 多年前,在西方的古希腊,在东方的中国和印度,就曾经有人开始考虑物质内部构造的基本问题。当时讨论的焦点集中在两个方面:物质是无限可分的连续体呢,还是由不能再细分的物质的最小单位组合而形成的呢？

围绕着不能再细分和无限可分两种观点，当时存在着诸多学说，其中最有代表性的归纳起来有三种，即无限可分说、原子论和元素说。

无限可分说诞生于中国。公元前300多年，我国战国时期有位庄周，他在《庄子·天下篇》中写道："一尺之棰，日取其半，万世不竭。""棰"是一种策马鞭上的短木棍。这句话的意思是说，一尺长的短木棍，如果每天分割一半，就是亿万年也分割不完。这种论断，朴素地说出了物质无限可分的思想，符合现代科学证明了的事实。

而在同时期的古希腊，有一位著名的哲学家德谟克利特则提出一种原子学说。他认为，世界和宇宙中的万物，都是由看不见又不可分割的微小粒子构成的。他按照希腊词"不可分割"的意思，把这些粒子叫作"原子"。

德谟克利特还认为，原子不可毁灭，所以会永远存在，除了原子就只有空间。原子总是在运动，世界上出现的万事万物都是这种运动的结果。他说，许多不同物质之间之所以有差异，是因为原子的大小和形式不同，而最重要的是原子能够形成不同的结合。德谟克利特举了一个很生动的比喻来说明自己的观点："用24个希腊字母进行不同的排列，就能够形成成千上万个不同的词汇；同样的文字既可以容易地组成一幕悲剧，也可以十分容易地组成一幕喜剧。"

以上这些看来很完善的论述，使德谟克利特树立了一种较严密的学说。后来，古罗马的学者卢克莱修在著名科学诗篇《论物性》中，用他那优美的诗句表述了德谟克利特的原子论，诗中写道：

> 物体或者说物质要素，
> 都是由原始粒子集合而成，
> 虽有雷霆万钧之力，
> 要破坏物质要素也不可能。

....

原始物质,由此可见,是既结实又单纯,

由极小粒子之力牢固抱紧,

但又不是粒子的堆集,

其特征在任何情况下是无穷地单纯,

不能从它夺取什么,

也不许缩小其本性,

原始物质,

世世代代,永远长存,

....

原始物质,

在无边无际的真空,

当然不会静止,

反而被迫不断地做各种各样的运动。

....

卢克莱修使用这种人们喜闻乐见的诗歌形式,使德谟克利特的原子学说广为流传。

令人遗憾的是,德谟克利特的学生、在当时学术界颇有影响的人物亚里士多德,拒不承认他老师的原子理论,却极力推崇西西里岛上的哲学家伊壁鸠鲁的四元素论。四元素论认为,一切物质都是由土、水、空气和火组成。比如,一棵破土而出的植物,是土和水同太阳光中的火结合;树木被砍伐并晒干后，便失去水元素，这样就能燃烧了。

不仅在希腊存在着元素说，在古代的中国、印度也有着和四元素论极相似的五元素说。五元素说认为，金、木、水、火、土这五种最基本的元素组成了世界。西周时期的书《尚书·洪范》上就记载有"一五行：一曰水，二曰火，三曰木，四曰金，五曰土"；《左传》里也写着："天生五材，民并用之，废一不可。"

由于权威的力量和对物质组成的直观解释，元素论很快被人们普遍接受，庄周的无限可分说和德谟克利特的原子说遭到了冷落。

后来，由于四元素论所谓的四种元素能够组成一切物质，在西方，人们试图由四元素的某种组合来炼制出黄金，以图达到"点石成金"的目的。于是，"炼金术"这一行业开始兴旺起来。在东方，由于同一原因，"炼丹术"也在各地蔓延开来。科学被引入了歧途。

经过长达 2000 年的"误会"，直到 19 世纪初，英国物理学家和化学家道尔顿才用实验方法检验了古人的原子论观点，提出了现代的原子学说。这时，人类对微观世界的认识又开始回到正确的轨道。

道尔顿在研究气体的物理性质的过程中，提出了他的现代原子学说。他认为，原子的基本性质是它们的不变性和不可分割性，任何物质都是由非常微小的、不可再分的原子组成的；同一物质的所有原子，各方面的性质都相同，不同物质的原子的重量不同。

几年后，在道尔顿的基础上，意大利的阿伏伽德罗又提出了一种分子新概念，从而弥补了道尔顿原子学说中的不足。原子学说和分子学说相结合，完善了物质的微观理论，即原子是化学元素的最小组成部分，而分子是化合物的最小组成部分。

直到 19 世纪末，科学家们还确信我们这个宇宙是由不可分割、永恒不变的几十种有限的原子组成的，原子是物质组成的"最终极限"。

原子真的不可再分了吗？

1897 年，英国杰出的实验物理学家汤姆逊带头闯进了原子王国的禁区。在伦琴于 1895 年发现 X 射线之后，汤姆逊转向研究阴极射线时发现，组成阴极射线的带电粒子流是由比原子还小的带负电的微粒组成的,他把这种微粒称作"电子"。

电子的发现,打破了原子是坚固的、不可再分的实心小球的概念。既然电子是从原子里出来的,那么,除了电子以外,原子里还有什么东西呢?电子在原子里又是怎样分布的呢? 为了回答这些问题,汤姆逊建立了一个原子模型,他认为,像西瓜一样球形的原子内部均匀分布着正电荷,带负电的电子像西瓜籽一样夹杂在其中,所以在通常情况下整个原子对外不显电性。这个原子模型被叫作"西瓜模型"。

后来,汤姆逊的学生卢瑟福通过一系列令人信服的实验,修改了老师的西瓜模型,提出了自己的"微型太阳系模型"。卢瑟福指出,原子中间有一个很小的、坚硬的、很重的、带正电的原子核,大量带负电的电子,随时随地都在围绕着原子核旋转。这很类似围绕太阳旋转的行星系。

卢瑟福的原子模型,是物理学史上一个划时代的贡献,它为人们探索原子内部的结构,打开了神秘的大门。从此,物理学一个新的分支——原子物理和原子核物理便诞生发展起来。同时,人们对原子结构的认识也一层层深化。

自从第一个基本粒子——电子被发现以来,短短几十年时间里,"捕捉"到新粒子的消息不断从物理实验室中传来,中子、质子、中微子、超子等新成员陆续被纳入基本粒子的大家庭中。科学事实告诉我们,基本粒子不"基本"。探索微观世界的路途将是漫长的,这项科学事业正方兴未艾。

基本粒子的新探求

物质的组成,是个古老而时髦的问题。

经过2400多年漫长的探索,人类终于达到新的认识境界,提出了基本粒子说。到目前为止,科学家们已经发现了包括电子、质子、中子,光子、中微子、π介子、μ介子在内的多种基本粒子。今天,如果你去询问任何一位粒子物理学家:"目前,什么是组成我们这个宇宙的最基本的砖块?"他们十有八九会向你重复一位著名学者说过的一句话："夸克，夸克是组成原子、中子这类粒子的基本砖块。"

那么，夸克是具有什么性质的基本粒子，它是怎样被人们俘获的呢？

20世纪60年代初，在一次世界性的物理学讨论会上，美国加利福尼亚大学一位年轻的学者盖尔曼，面对着一群数目越来越多、显得杂乱无章的基本粒子，提出了一张基本粒子的"周期表"，盖尔曼试图通过这张表，找出基本粒子的某些规律来。

但是这张表并不完善，它中间还有一些待人去揭晓的空格。盖尔曼指着表上的一个空格说："如果我的理论是正确的，那么这里应该有一只带负电的粒子，质量约为质子的2倍，我们不妨叫它为Ω粒子，可惜它现在还没有被发现。"

真是言者无意，听者有心。另一位参加会议的美国科学家斯米欧博士，对盖尔曼预言的Ω粒子产生了兴趣。在斯米欧工作的实验室里，正巧有一台能量很高的加速器和一些必要的设备，他决心把寻找Ω粒子作为自己今后的研究课题。

在长达两年的时间里，斯米欧博士一头扎在实验室里，终于在第九万七千零二十五张记录粒子的照片上，找到了Ω粒子衰变时留下的痕迹。

Ω粒子的发现，使盖尔曼对自己的"周期表"理论产生了信心。但这个理论还有更重要的地方需要证实。"周期表"上还有三个明显的位置作为未知数空置着，按照推论，这三个空位应该由三种比基本粒子更深一层的亚粒子来占据。盖尔曼把这些亚粒子称为"夸克"，并提出了"夸克模型"。他认为，某些基本粒子——强子都是由三种更为基本的夸克 q_n、q_p、q_a 组成的。这就好像氢原子和氧原子组成了水分子一样，"现在所有的粒子，都可以用这三种夸克像搭积木一样拼凑起来……"。

奇怪的是，按照计算，这三种夸克要分别带有 $\frac{2}{3}$、$-\frac{1}{3}$、$-\frac{1}{3}$ 的单位电荷。这个结果真有点荒唐。迄今为止，自然界所有的电荷，分到最后，总是一个电子电荷的整数倍，还从来没有出现过带小数电子电荷的情况。夸克的性质太离奇了，以致不少科学家怀疑夸克的存在。

1969 年，高能物理实验室中发现了一个新现象，使全世界物理学家对夸克的认识为之一新。

事情发生在美国斯坦福实验室，在一台高能直线加速器上，一群电子沿着长达 3000 米的加速管道加速，最后达到 250 亿伏特的高能量。物理学家们用这些高能电子作为炮弹去撞击强子这类基本粒子，希望能把强子撞开，观察强子里面是否包藏着更小的粒子。实验结果表明，这群电子在核子里面似乎撞上了一些小小的荷电体。后来进一步证明，这些小小的荷电体有极大可能就是盖尔曼预言过的夸克。

许多技术高超的实验物理学家，精心设计了一系列实验，企图将这种夸克从强子里单独分离出来进行研究，但所有这些努力都失败了。虽然夸克在强子里面显得很活泼，但是要使它离开强子，似乎是一件办不到的事，夸克一旦离开强子，马上莫名其妙地变成了一堆另外的强子。

尽管遇到了挫折，科学家对夸克的探索并没有因此停止。20 世纪 70 年代初，物理学家们改用中微子代替电子作为炮弹，重复进行经过加速器加速后撞击强子的实验。奇怪的是，在用中微子撞击强子的过程中，有一半左右的动量在撞击过程中"不翼而飞"了。有经验的理论物理学家们推测，除了夸克以外，强子里面可能还有一种目前尚未发现的新物质，是它们把这些动量"隐藏"了起来。同时，夸克为什么会被禁闭在强子里难以分离出来，也很可能是这种新物质作用于夸克，将夸克紧紧胶合在一起的结果。从此，人们就给这种新物质起了个名字——胶子。

现在，摆在粒子物理学家面前的任务又多了一项：除了夸克以外，胶子也需要证实。

几年过去了，寻找胶子的实验毫无消息，人们甚至开始怀疑胶子是虚有其名了。直到 1978 年，在东京召开的国际高能物理会议上，有几位物理学家终于报告说，通过他们对实验数据的周密计算，证实了以前预言的胶

181

子对夸克的作用是可信的。

会后,一项用实验来证实胶子存在的计划很快酝酿完成。这项计划由来自7个国家的300多位研究人员组成,分成几个实验小组,其中有一个小组是著名的丁肇中教授领导的。值得一提的是,我国有20多位科学家参加了这项实验。

在德国汉堡的大型电子同步加速器实验中心,这个世界第一流的实验室里,丁肇中教授领导的小组,专门建造了一台被称为马克杰的大型探测装置。这台装置有上百个不同类型的探测器,上千台电子仪器,一个超大磁铁和三台电子计算机。

新粒子的发现固然是吸引人的,可是要找到它,那真是"众里寻他千百度",犹如大海捞针一般困难,要从数百万个,甚至上亿个粒子中才能找到一个。经过几个月夜以继日的工作,有中国科学家参加的丁肇中小组终于获得了胶子存在的实验证据,这一发现引起了世界物理学界的轰动。

胶子实验的成功,被称为是一次举世瞩目的发现,它意味着对基本粒子的探索,已深入到强子内部,达到了一个新阶段。当然,对于夸克和胶子的探索,还远远没有完结。虽然胶子已经有了实验证实,但至今夸克还没有令人满意的实验结果。现在,世界上许多著名的高能物理研究机构仍在辛勤进行着寻找夸克的工作,他们已布下了捕捉夸克的大网,我们相信,发现夸克这一天的到来只是时间早晚的问题。

低温下的奇迹

1911年,荷兰低温物理学家卡梅林·昂尼斯在研究液化氦的方法时,曾经做了这样一个实验:他将水银冷却到-40℃以下,使它凝固成一条线,然后继续冷却至-269℃(相当于绝对温度4.2K),在水银线上通过几毫安的电流,并测量它两端的电压。这时发现,水银的电阻忽然消失了。但是,在当时的实验条件下,要用仪表来直接测量证明水银的电阻为零,实际上是无法做到的。

到了 1954 年,人们又设计了一个更精密的实验,这就是著名的持续电流实验。

实验过程是这样的:用金属铅做成一个铅圆环,把它放入强磁场中,然后使它冷却到−265.97℃的超导状态,这时再将磁场突然撤掉。由于电磁感应的作用,在超导铅圆环内会产生很大的感应电流。然后封闭实验仪器,使其与外界隔绝开来。

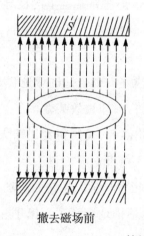
撤去磁场前

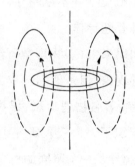
撤去磁场后

持续电流实验

这项实验从 1954 年 3 月 16 日开始,经过两年半时间,直到 1956 年 9 月 5 日,重新对实验装置进行了检验测量,发现铅圆环里的电流还和原来一样,不停地循环流动,没有丝毫的减弱。这就是说,超导圆环里的电子,好像坐上没有任何摩擦的转椅,一旦转动起来,就很难再停下来。

以上这种在低温下发生的奇异现象,引起了科学界的极大重视,后来科学家就把在极低温度下电阻突然消失的现象称为超导电现象,简称超导,并且把这种具有超导电性质的物质叫作超导体。

超导现象的发现,引起了世界的轰动,人们自然地预料到,当超低温技术付诸实用后,解决能源问题便大有希望。因此,大批科学家放弃了自己原来研究的项目,转向探索低温超导的新领域。

在这项规模巨大的研究工作中,科学家们首先要解答的问题是:导体的电阻为什么在超低温时会突然消失?而且,不同的导体在出现超导现象时的温度不同。比如,金属铌出现超导现象的温度最高,为绝对温度 9.2K,其次是镥和铅,分别为绝对温度 8.2K 和 7.2K。

从发现超导现象的 1911 年到 1973 年,科学家们花费了 60 多年的时间,发现了铅、锡、铌等 27 种元素以及上千种合金和化合物在不同的极低温度下都具有超导电性。令人不解的是,那些在常温下的良导体,如金、银、铜等,在低温下并不是超导体,倒是那些导电性能差的金属,如钛、锆、铌、铅等,才是超导体。

长时间以来,许多物理学家都试图建立一个合适的理论,以解释这种奇妙的超导现象,但是他们耗费了大量精力,却收效甚微。

1956 年,著名物理学家、诺贝尔奖获得者、美国伊利诺斯大学教授约翰·巴丁组织了一个三人研究小组,决心解开超导之谜。

可是,超导是一个坚固的科学堡垒,很多科学家在它面前吃了败仗,几十年宝贵的科学生涯伴随着辛勤的汗水悄悄地流逝了。巴丁深知解决超导问题的难度,清醒地意识到单靠一个人的知识和专长,是不可能攻下这个堡垒的。于是,他精心挑选了两位年富力强的中青年科学家做自己的助手。一位是巴丁从一所高级研究院请来的物理学博士,名叫库珀,他擅长理论演绎,在数理方法上有过人的技巧和才能;另一位是刚从麻省理工学院毕业的学生,叫罗伯特·施里弗,他考取了巴丁的研究生。当时,巴丁提出十个研究课题供他选择,施里弗选中了第十个课题——超导。经过考查,巴丁教授看他基础扎实,才思敏捷,便吸收施里弗共同来探索超导现象的微观机理。

巴丁、库珀和施里弗,这三位科学家的结合,形成了合理的智力结构,使他们各自的特长和才华得以充分发挥。在向超导理论发起的最后进攻中,这个研究小组的三位成员同心协力,夜以继日地潜心探索,在短短一年多的时间里,就迅速从物质微观结构中揭开了超导现象的奥秘,终于建立了一套较完整的超导微观理论，并于1957年向科学界报告了他们的这一科研成果。后来，人们用这三位科学家姓名的第一个字母把他们创立的理论称为BCS理论，以纪念他们三位在超导研究中的杰出贡献。

从BCS理论出发，可以圆满地解释超导体的各种性质。我们知道，一般金属的电阻，实质上是金属中自由电子在电势差的作用下运动，经过金属晶体中的晶格点阵时受到散射，运动受到阻碍才形成的。而BCS理论则指出，物质处在超导状态下，传导电流的电子是高度有序排列的。它们不是以单个电子的形式，而是形成弱的"对"而运动的，每一对电子是两个符号相同、动量和自旋相反的电子相互吸引而固定在一起的。因为"对"中的电子是被束缚的，它们不容易被晶格散射，所以电流可以不受晶格的阻碍，宏观表现就是所观察到的超导体中电阻为零的现象。

鉴于巴丁、库珀和施里弗在超导理论方面的杰出贡献，他们三人共同荣获了1972年度的诺贝尔物理学奖。由于巴丁以前在半导体研究方面成功地发明了晶体管，曾荣获1956年度的诺贝尔物理学奖，所以，巴丁成为有史以来少数的两次诺贝尔奖获得者之一。

在诺贝尔奖授奖大会上，瑞典皇家科学院高度评价了BCS理论："在你们的基础工作中，已给出了超导现象的完整的理论解释。并且，你们的理论预言了新的效应，促进了理论和实验的进一步研究。"

BCS理论的出现，使人们认识到了超导现象的一些本质的东西，并以此为指导去主动地探讨更新的超导体。1979年底，科学家们终于用人工合成的方法，在人类历史上第一次制出了一种符号为$(TMTSF)_2PF_2$的有机超导体。在哥本哈根，人们用这种有机超导体制出了高完整和极纯的单晶，它好像一枚发光的黑色的针，在绝对温度1K以下出现了超导电性。

有机超导体的出现，将超导理论的研究推上了一个新的高度，其意义是十分重大而深远的，它充分肯定地回答了这样一个问题，即超导现象不仅限于金属和它的化合物中，而且也存在于与生命现象有联系的有机物中。

在超导技术的应用方面，近年来发展得十分迅速。超导磁体、超导电

185

缆、超导无摩擦轴承等各种超导器件相继脱颖而出；超导材料可以在宇宙飞船上屏蔽来自宇宙射线中的高能粒子，防止高能辐射损伤；超导体还被用来制作计算机的器件，如果把具有成百个元件的印刷电路浸入液氮中，电流就能够畅通无阻地永不停歇地在计算机装置中流动，只要保持超导状态不变，计算机就会变成一个记忆力永不衰退的"电脑"。

目前，超导体的另一个研究方向是：以前的超导现象都是在极低温度下形成的，而创造极低温度的环境是一个十分复杂的过程，能不能在较高的温度下使某些物质也出现超导现象呢？这正是超导科学家们一个充满希望的设想。

超导研究的重大突破

自荷兰科学家昂尼斯于 1911 年发现水银具有超导电性以来，超导体以它巨大的优越性和广阔的应用前景受到各国科学家的青睐。

超导体可以使无损输电、高效电机以及特大功率电磁铁付诸实现，用它可以制出运算速度极快的超导计算机。超导材料铺成的道路，还会排斥车辆产生的磁场，这种车辆能靠磁垫悬浮在道路上，可实现无摩擦地高速行驶……

然而，这些设想在超导现象发生后半个多世纪都未投入应用，原因是它的低温转变条件要求过于苛刻。长期以来，超导体只能在极低温区的液态氦下工作。氦是一种稀有气体，液化复杂，成本昂贵，用昂贵的液态氦去实现超导，好比用金桶去担水，得不偿失。

能否找到更高转变温度的超导体呢？几十年来，科学家们一直为此奋斗，但进展缓慢。1964 年，美国斯坦福大学的一位学者提出一种新的超导体模型，才打破了沉闷的状态。按照此模型，他大胆设想，不仅在室温下，甚至在 2000K 的高温时，某些材料都可能产生超导电性。

为了寻找新的超导材料，世界各国的科研人员在不断探索着。迄今为止，已发现 1000 多种超导材料。但多是合金、有机物、化合物等，而且超导转变温度仍不理想。自 1973 年发现转变温度为 22.3K 的铌三锗以来,一直未有重大突破,超导材料的研究工作处于停滞不前的状态。

超导,这种奇妙的物理现象,在同低温世界形影不离做伴达几十年之后,现在终于与这个禁区告别了。

1986 年 12 月 25 日,从中国科学院物理研究所传来佳音:以赵忠贤、陈立泉为首的科学家团队,在进行超导材料的试验中,发现了一种在绝对温度 48.6K 时具有超导电性的新材料,并观察到这类材料在 70K 时有超导转变迹象。这种新的超导体是由钡、镧、铜、氧等元素组成的多相性金属氧化物。

中国研究成果的消息一发表,立刻在国内外科技界引起了强烈的反响。著名的美籍物理学家吴健雄博士评论说,如果北京的研究成果得到证实,那可能是中国的第一个具有历史意义的实验成就。美国电话电报公司实验所的卡瓦博士说,如果北京的结果能够重现,"世界将完全不一样了"。

人们敏感地意识到,打破超导体禁区的最后冲刺时刻来到了。好几次,赵忠贤在实验室里,接到外国同行的电话,询问他工作的进展情况。他一看手表,此刻正是对方所在地半夜一两点钟的时候。情况很明白,各国的同行们都在夜以继日地苦干,期望着自己能在竞争中捷足先登,摘取桂冠。

果然,1987 年 2 月 15 日,美联社从华盛顿发出一条电讯,震惊了世界科技界:美国科学家在超导研究方面取得突破,获得了转变温度为 98K 的高临界温度的超导体。这项成果,把几个月前中国科学家取得的 48.6K 的领先纪录,又推进了一大步。

然而,时过几天,北京发出的消息更使世界为之震惊:2 月 20 日,中国科学家又攀新高峰,获得了转变温度在 100K 以上的超导体。仅仅 5 天时间,中国科学家又奋起冲刺,在你追我赶的激烈竞争中,再度居于领先地位。

在此之后,从 1987—1989 年两年时间里,各国的超导科学家们在寻找高温超导材料的研究上,展开了一场空前的超导科研赛。中国、美国、日本的科学家你追我赶,不断改写超导材料的新纪录。

187

1989年9月5日,从在北京大学召开的国际高温超导体会议上传来消息,超导研究和应用开发是目前国际上竞争极为激烈的领域之一。继1986年底中国与美国、日本率先发现高温超导体后,中国科技人员再接再厉,又取得一批世界一流成果,用事实证明我国超导研究仍居世界前列。1989年初,我国首先发现了零电阻温度高达132K的掺锑铋系材料,这是迄今为止国际上已证实的临界温度的最高纪录。

超导已经向低温告别,我们完全有理由预言,不久的将来,随着超导材料大规模的开发应用,就像当年半导体材料出现那样,一场新的工业革命和技术革命将会到来。

又一个谜——第二类永动机

1988年初秋,中国科技界向世界披露了一则使人感到震惊的新闻:中国科学院生物物理研究所研究人员徐业林,探索第二类永动机取得重要成果。他制成一种从室温环境获取能量,并把它转化为电能的实验装置。这个小小的"发电机"可带动一个检流计,到公布时为止,它已连续工作了28个月。

据徐业林介绍,这个装置的核心是他发明的一种新型二极管,这种二极管不需要任何偏置电压就具有单向导电性。它的工作原理并不复杂,在绝对零度以上,金属中的自由电子会产生热运动,不同金属自由电子的逸出功不同。徐业林巧妙地把两种不同的金属做成形状不同的正负极,并加上辅助电极,这样,当把二极管的两端用导线连接时,就有一个微弱的持续直流电流通过。这个由数百个无偏二极管并联而组成的装置是1986年5月做成的,它的电流大小随春夏秋冬四季气温变化而改变。在32℃室温时,输出的短路直流电流为5.3×10^{-8}安培,负载电阻为100兆欧,输出直流电压为55毫伏。

这一实验结果与热力学第二定律的有些经典论述相矛盾。按照热力学第二定律推论,在没有温度差的情况下,要制造一种从某一巨大物质系统(如海水、空气)不断吸取热量,并把它转换成有用功的机器是不可能的。这类机器因违反热力学第二定律而被称为第二类永动机。而徐业林的装置正是一种能从空气中不断吸取热量并把它转换成电能的机器。

100多年前,那种不消耗任何能量而永远做功的机器(第一类永动机),因违反能量守恒定律,即热力学第一定律,而被科学家们彻底否定。但对热力学第二定律所断言不能做出的第二类永动机,却始终有一些科学家持怀疑态度。

历史上著名的物理学家麦克斯韦,就曾设想过一种第二类永动机,这个热机靠挡板上可判别分子运动迅速的"妖"工作。多年来人们寻找这个神秘的"麦克斯韦妖",但没有成功。尽管失败者再三警告后人此路不通,可是人们还是没有死心。美国、俄罗斯、英国有一些科学家仍在努力,但是迄今没有人能从实验上做出第二类永动机。徐业林的实验无疑是对热力学第二定律断言不能做出第二类永动机的一个冲击。我国一些专家观看了徐业林的实验装置,认为实验本身是无懈可击的,但是,有些专家对这个装置是否真是一种第二类永动机持有疑义。

为了在理论上寻找依据,徐业林根据自己的实验结果,大胆地提出了能量循环的新概念。即可以造出一种热机,从能量空间的两个热源获得能量,使之完全变成有用功而不产生其他影响,以无限止、不衰减地循环使用能量。他认为,物质世界除遵循能量守恒、质量守恒规律外,还应加上能量循环和物质循环的规律。根据这一观点,结合实验研究的成果,徐业林写成了一本专著——《从单一室温环境获得能量的实验与研究》。

徐业林的这一实验的意义及其作用是十分深远的,第二类永动机的命运究竟如何,我们还需等待进一步的研究成果。

伽利略学说受到新的挑战

17世纪初期,伽利略为了推翻亚里士多德"重的物体下落快,轻的物体下落慢"的理论,曾在意大利的比萨斜塔上做过一个有名的落体实验。

189

他使不同重量的物体在斜塔上自由落下，结果，在可忽略空气阻力的实验条件下，各物体均同时到达地面。

最后，伽利略得出结论，在真空中，物体落下的速度与物体的重量无关。一根很轻的羽毛和一枚金属硬币如果在某一高度同时下落，羽毛和硬币会同时落地。后来，牛顿根据伽利略的实验，提出了他的重力公式。

几百年以来，不论是在物理学的课堂上，还是在众多专家学者的论著中，伽利略这个著名的实验及其结论，一直被当作客观实践的真理向主观臆断传统思想挑战的典范。可是在1985年底，以美国西雅图华盛顿州立大学的伊弗雷姆·菲施巴赫博士为首的一个研究小组，对伽利略的这一著名学说提出了新的挑战。

事情还得从头说起。

20世纪初，匈牙利有位叫罗兰德·冯·埃特伏斯的物理学家，花费20多年时间，在实验室里进行了大量的实验研究，试图重复验证伽利略、牛顿提出的一些理论，其中包括引力规律下的自由落体运动。

1922年，埃特伏斯发表了他在20多年艰苦研究中所得出的实验数据。他的实验包括将不同结构和质量的物体(脂肪、镁合金、木材等)挂在一台精密的扭力秤上，来检验引力规律。当时认为，实验结果与伽利略的观察基本相符。

甚至在1915年，爱因斯坦发表广义相对论时，也把埃特伏斯的实验作为他的根据之一，认为在一个统一的重力场中，所有物体都以同样的加速度下落。

但是，正像大多数实验所出现的情况那样，埃特伏斯的实验结果中总有一些不合拍的东西，由于当时认识水平和实验能力的限制，长期以来，人们都只是把它们看作是对力学体系的微不足道的次要干扰。

近几年来，以菲施巴赫博士为首的研究小组，重新仔细地对埃特伏斯的大量实验数据进行研究，取得了突破性的进展。他们认为，实验结果中某些不合拍的地方，并不是"对力学体系的微不足道的次要干扰"，而是由以前没有发现的重要原因产生的。他们还指出，即使在埃特伏斯的实验中，也已经有着与伽利略的理论不相符合的记录结果。可能当时埃特伏斯认为这些数据没有什么重要意义，所以被忽略了。

在详细研究这些数据后，菲施巴赫博士发现，在埃特伏斯"原始实验"的数据中，一些不符合伽利略理论的数字已大到足以使人认为，除重力以外，还可能有其他的力作用于物体。

经过反复核实验证，菲施巴赫博士的研究小组，提出了与当年伽利略作比萨斜塔实验完全相反的结论。这个结论和早期的亚里士多德、中期的伽利略以及现代人们的观点都不同，他们认为，如果羽毛和金属币在真空中从同样高度下落时，羽毛比硬币下落得不是慢，也不是相同，而是更快。

是什么原因，使他们得出如此令人难以置信的结论呢？菲施巴赫博士提出了一种全新的观点，他们认为，在重物下落的过程中，对物体起作用的不仅是重力，另外还存在着以前一直未被发现的第五种力——"超电荷力"。

迄今为止，人们认为自然界只存在着四种基本作用力，这就是：引力、电磁力、强作用力和弱作用力。而今天菲施巴赫研究小组从分析引力实验的数据中，大胆提出自然界存在着第五种力这一新观点，这是需要很大的勇气和科学探索精神的。因为他们必须要用令人信服的实验事实来回答世界科学家们的各种质疑甚至反驳。

按照菲施巴赫博士的解释，超电荷力是一种很小的排斥力，它与两个物体之间的引力方向相反，可以使不同结构和质量的物体产生稍微不同的加速度，因而表现在实验结果中，羽毛反而比金属硬币先落地。

科学研究小组经过进一步实验表明，超电荷力与被称为超电荷或重子数的物质的性质有一定联系。而重子数是与中子和质子数有关的，所以又与材料的化学结构有关，因此，解释了不同材料的力的不同。

而且，超电荷力和电荷力之间形式上也有着某种相似之处。正像电磁力是由光子从一个物体传到另一个物体一样，超电荷力可能是由"超光子"传导的。超光子也应当有质量。不过，菲施巴赫指出，超电荷力的大小只

191

有地球引力的百分之一，它的作用范围约为 200 米。

科学家们认为，关于新作用力——超电荷力的学说，还需要在现代条件下重复试验。有人建议，采用当今最精密的仪器，集中几位物理学界的权威人士，对伽利略的自由落体学说再进行一次周密的实验，比较真空中不同物体的加速度是否存在差异，看看羽毛和金属硬币到底谁先落地。

当然，围绕着第五种力的问题，现在下结论还为时尚早。如果关于超电荷力的发现被以后的实验进一步证实，无疑，将对今后物理学的研究产生深远的影响。

量子科学的追梦人——潘建伟

1996 年，一位 20 多岁的中国学子来到奥地利维也纳大学，攻读量子信息的博士学位。他的导师塞林格与他第一次见面时便问道："你的梦想是什么？"这位学生不假思索地脱口而出："我要在中国建一个世界一流的量子物理实验室。"

时光一晃过去了 20 年。2016 年 8 月，中国首次在世界上成功发射了

潘建伟在实验室

一颗量子通信科学实验卫星,主持这项科学实验的首席科学家就是当年在奥地利攻读博士学位的学子——中国科学院院士潘建伟。此刻,他当年要在中国建一个世界一流的量子物理实验室的梦想,已经在中国科技大学顺利实现。

在这里,我们要简单回顾一下量子科学的研究历程。

1900年,普朗克在对热辐射的研究中,第一个窥见了量子,提出了能量量子假说。根据这一假说,在光波的发射和吸收过程中,发射体和吸收体的能量变化是不连续的,普朗克的能量子概念,第一次向人们揭示了微观自然过程的非连续本性,或量子本性。

1905年,爱因斯坦提出了光量子假说,进一步发展了量子概念。爱因斯坦认为,光波本身是由一个个不连续的、不可分的光量子所组成的。利用这一假说,爱因斯坦成功地解释了光电效应等实验现象。光量子概念首次揭示了光的量子特性或波粒二象性,既光不仅具有波动性,同时也具有粒子性。

1913年,玻尔把量子概念成功地应用于氢原子系统,并根据卢瑟福的核型原子模型创立了玻尔原子理论,这一理论指出,原子中的电子只能存在于具有分立能量的定态上,并且电子在不同能量定态之间的跃迁本质上是非连续的。

1924年,在爱因斯坦光量子概念启发下,德布罗意提出了物质波假说,最终将所具有的波粒二象性赋予所有的物质粒子,从而提出了自然界中的所有物质都具有波粒二象性或量子特性这一观点。德布罗意的物质概念为人们发现量子的规律提供了重要的理论基础。

于是,在1925—1926年间,定量描述物质量子特性的最初理论——量子力学诞生了。

现在,我们把话题引回到本文的主人公潘建伟身上。

1970年3月,潘建伟生于浙江东阳。孩提时代的他顽皮好玩,乡亲回忆他那时"男孩爱干的事儿一件不落,喜欢挖野菜、钓鱼、游泳。"可贵的是,

193

父母从小就很重视对他能力的培养，从不限制他做什么，让他可以充分发展自己的特长。1987 年，潘建伟顺利考入中国科技大学，攻读了近代物理专业。

进入大学的潘建伟如鱼得水，废寝忘食地钻研自己感兴趣的东西。他是爱因斯坦的崇拜者，喜欢阅读《爱因斯坦文集》，他说："爱因斯坦的散文是最深刻、最美的，让我明白了从简单的事实后面可以找到一个规律，让我坚定了研究物理的决心。现在，将来，不会变。"大学期间，令人难以理解的"量子纠缠"问题引起了潘建伟的浓厚兴趣。所谓量子纠缠，是指两个或多个粒子相距遥远，一个粒子的行为将会影响另一个粒子的状态。当其中一个被操作（便如量子测量）而状态发生变化时，另一个也会即刻发生相应的状态变化。当时，潘建伟怎么也想不明白为什么会有量子纠缠现象，以至于期中考试的时候，他有门功课差点没及格，因为他一直在想量子纠缠的问题，就没有办法好好听别的课了。从那时候开始，为了搞明白量子纠缠的问题，潘建伟开始学习量子力学。

1987—1995 年，在获得中国科技大学理论物理学士和硕士学位后。潘建伟于 1996 年来到奥地利攻读博士学位，导师是量子实验研究的世界级大师塞林格。读博期间，他从老师那里不断获取量子信息前沿领域的最新知识。同时敏锐地洞察到这一学科未来必有大的发展，便及时追踪国际前沿，走出了自己的研究道路。1999 年，他与同事合作在国际权威杂志《自然》上发表了"实验量子隐形传态"的论文，宣布在实验中实现了量子态的隐形传输。这被公认为是量子信息实验的开山之作。《科学》杂志也将其与伦琴发现 X 射线，爱因斯坦建立相对论等成果一道，选入"百年物理学21 篇经典论文"。这一年，潘建伟年仅 29 岁。

初战告捷的潘建伟全身心地投入到更广阔的量子课题研究中。在奥地利读博期间，他每年都利用假期回国进行学术交流，有意识地培养量子科研团队。2001 年，学成归国的潘建伟着手酝酿搭建中国的量子科学实验室，开始为实现梦想而努力。随着我国科研经费投入的不断增加，他的实验室从无到有、从有到强。短短十几年，潘建伟和他的科研团队发表了多项喜人的成果。

2003年，首次完成纠缠态纯化以及量子中继器的实验，首次成功地实现了自由量子态隐形传输。

2006年，潘建伟团队完成了超过100公里的量子保密通信实验，2009年他们又将安全通信距离延长到200公里。

2012年，潘建伟团队建成了国际上规模最大的量子通信网络"合肥城域量子通信试验示范网络"。标志着高大容量的城域通信网络技术已经成熟。

2013年，潘建伟团队首次成功实现了量子计算机求解线性方程组的实验。2017年5月3日，潘建伟院士在上海宣布，我国科研团队成功构建的光量子计算机，首次演示了超越早期经典计算机的量子计算能力。潘院士预计，在未来十年内，我国就能制造出一种专用的量子计算机，在某些计算能力上要比目前最先进的传统计算机快百亿倍甚至更多。通俗地讲，就是全世界的计算机加在一起的运算速度也会被一台量子计算机秒杀。

2017年8月，利用"墨子号"量子科学实验卫星，潘建伟团队率先在世界上实现了千公里级地星量子隐形传态，并通过卫星中转实现了广域量子保密通信。

2017年9月，连通北京和维也纳的量子保密视频通话，标志着世界首次洲际量子通信成功实现。

量子通信和量子计算，这两个量子研究大树上的硕果，预示着第二次量子革命的到来。而中国在这次量子革命中，从开始的学习追赶，到现在的引领潮头，潘建伟和他的团队始终起着中坚力量的作用。第一个研究出极度高性能的量子雷达，第一个制造出量子计算机。第一个实现千公里以上量子保密通信。一个以中国遥遥领先的量子研究应用的高潮正在世界范围内兴起。"在这个伟大的新时代，我们迎来了科研的黄金时间，必须将有更大的作为。"潘建伟说。

195

需要指出的是，尽管目前在量子研究领域已经取得了众多成果，但关于为什么会产生量子纠缠，以及对这些量子观察的内部机理，科学家还没有弄明白。正如潘建伟院士所说："量子力学为什么会这么奇怪，这个基本问题根本没有解决，我们可能还处于出发点上。对我来说，为什么会有量子纠缠，是最深层次的东西，我始终没有忘记，我把实验做下去，将来可能搞明白。"科学的道路就是这样，需要我们不断去探索。青少年朋友们努力吧，量子科学神秘的面纱等待着我们共同去揭开它。

后 记

　　亲爱的读者,物理学的故事讲到这里就要告一段落了。但是,物理学作为整个自然科学的领路鸟,它的发展还远远没有止境。

　　正如我们在本书中所看到的,几百年前,伽利略用著名的比萨斜塔实验推翻了权威亚里士多德的观点,可是几百年以后的今天,伽利略的结论又受到更新观点的挑战。又如,牛顿经典力学建立后,原来我们认为它可以完整地解释整个物质世界的运动规律。但是,量子力学诞生后,我们又发现了一个牛顿力学不能描述的新的物质世界。科学就是在不断认识、不断探索中发展起来的,现在没有哪一天没有新的创造发明,没有哪一天科学研究和科学实验不在推动着时代的前进。

　　我们讲述这些故事的目的是什么呢? 学习过去是为了将来。美好的将来在等待着我们青少年一代去开拓、去创造……

　　愿本书成为你通向科学成功之路的一块铺路石。

197

作 者

2018 年 3 月